ケヤキ

上は花で、当年生枝（シュート）の先端のほうに雌花が咲き、基部に雄花が咲く。
下は果実。成熟した果実は浮力の増した当年生枝とともに風に乗って飛んでいく。

カツラ

雌花（左）と雄花（右）

森の中で突然現れるカツラの花の紅色は鮮やかというしかない。春の森に浮き立っている。

秋に黄金色に色づく葉

秋に沢筋を歩くと、甘い香りが漂ってくる。近くにカツラがあることがわかる。

春の展葉

春最初に開く葉は鮮やかな朱色だ。しだいに緑色に変わっていく。

オノエヤナギ

雄花序。ヤナギ科の樹木の花は黄緑色で目立たないものが多い。しかし、しばらく見ていると、小さな花を咲かせる瞬間だけ赤やオレンジ色に変わるのがわかる。昆虫たちへのシグナルなのだろうか。

ブナ

雄花（上）と雌花（下）。ブナの花は手の届かないような高い樹冠で咲いている。色も形も地味な感じで目立つものではない。しかし、手にとってよく見るとなかなか面白い形をしている。

ブナ

3月の月山はまだ深い雪の中だ。晴れ渡った青空に白い幹が映える。

ノリウツギ

まだ中性花が咲いているだけで、小さな両性花は蕾《つぼみ》だ。しばらくすると両性花も咲き始めた。梅雨時のしたたるような緑を背景に白く浮き上がって見える。

コブシ

果序は握り拳のような形だ。だからコブシと呼ばれているらしい。しかし、袋果《たいか》が開く頃には乾燥して全体が少し痩せてくる。骨が浮き出た拳だ。

キハダ

庭に稚樹を植えてから10年ほどで花が咲いた。オスであった。緑がかった黄色の花はとても小さいので咲いているのがわからないほどだ。雌花には退化した雄しべが見られ、雄花には退化した雌しべが見られる。いずれも目立たない小さな花だが蜜を大量に出す。

アカシデ

左：花

花は地味だが一瞬だけ見事な輝きを放つ。里山の細い道を歩くと、小さい田んぼの上の二次林でアカシデが赤く染まって見えるときがある。

下：冬芽と開葉

ときどき、冬芽をヒヨドリがついばんでいる。花芽を選んで食べているのだろう。一旦葉を開くと遷移初期種らしく、長い期間新しい葉を次々と開き続ける。開き始めの先端の葉はいつも赤い。

ヤマナシ

白い花弁にうっすらと混じる薄紅色がとてもきれいだ。

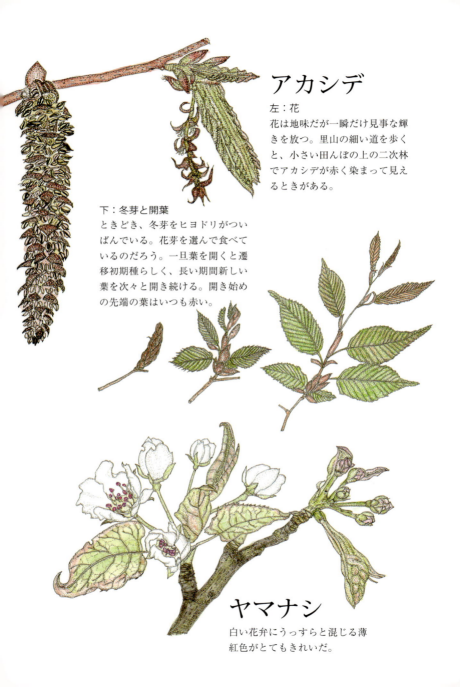

樹に聴く

香る落葉・操る菌類・変幻自在な樹形

清和研二

築地書館

目次

第3章　林冠の撹乱を待つ…167

序章

老樹に会いに行く

　青く晴れ上がった空のもと、まだ雪の残る森に出かけた。車で行けるところまで行き、ところどころ雪が残る林道を歩く。目指すはブナの老巨木である。斜面に取り付き、灰白色のブナの幹を撫でながら登る。早く雪が解けた根元から湯気が立ち上っている。小さな尾根を越えれば急斜面だ。見下ろすとサワグルミが数本、沢筋からまっすぐにはるか上のほうまで伸びている。すらりとした幹の上に小さな樹冠がちょこんと乗っている。見上げると青空に吸い込まれるようだ。沢に降りると目の前には壁のような老カツラが現れた。複数の太い幹をまといながらも周囲に細い萌芽枝をたくさん出していた。膨らみ始めた紅色の芽がとてもきれいだ。再び固く締まった斜面を登り、チマキザサをかき分けると平坦な場所に出た。太い枝を空いっぱいに広げ、ブナの老木が迎えてくれた。大量の湯気が光を増幅し、数百年を生きてきた老樹がとても若々しく見えた。

手付かずの森に佇《たたず》む老樹たちは何百年もの間、病気に見舞われ、大量の虫たちに食われ続けてきた。台風に耐え、大雪を凌いできた。樹冠を支えてきた太い枝は折れ、幹の中は空洞になった。サルノコシカケが太い幹を登り始めているものもある。しかし、長い間の労苦を感じさせない佇まいだ。むしろ穏やかに微笑んで我々を迎えてくれているような気がする。〝良く〟歳をとったという言葉は山奥の老樹のためにあるような気がする。本書は、老樹に会うための道案内である。老巨木が歩んできた長い道のりを辿ってみよう。

巨木への遠い道のり

巨木に出会うのは稀《まれ》だ。森の中で木々が生き残るのはとても難しいからだ。小さな種子（タネ）から巨木になるには気の遠くなるような年月と天文学的な確率が必要だ。奇跡に近いことなのだ。だから、樹々の親たちも子供たちが巨木になれるとは思っていないだろう。ただ、少しでも長生きして、少なくとも子供たちのいくつかは花を咲かせ、命をつないでくれることを願っている。

樹木は動物たちのように子供の面倒を見ることはできない。親たちができることは小さな種子にさまざまな仕組みを持たせることである。少しでも快適な棲み場所を見つけることができるように種子の中身や姿形を変えている。綿毛や翼を発達させるのは風や水によって運ばれやすくするためだろう。果実の色が派手で味がおいしいのは、鳥が見つけやすいように、そして遠くに運んでもらうためなのだろう。栄養豊富で大きなドングリを大量に作るのはネズミやリスに埋めてもらい、食べ尽くされずにいくらかでも地上に芽を出してほしいからだろう。

しかし、それだけではない。種子の運命は風や水、鳥やネズミに委ねられているように見えるが、任せっきりではない。樹々の親たちは運び手の癖をちゃんと知っている。そして、それをうまく利用している。タネに仕込まれているのは芽生えが成長しやすい場所にピンポイントで運ばせる精妙な装置である。ここまで、面倒を見れば子供は大丈夫だろう。そうは思わないのが樹木の親たちだ。やることは念入りだ。子供が大きくなれることが保証される場所とタイミングでドンピシャリと発芽させるのである。土中のどの深さで発芽するかまでも親が決めている。子供が独り立ちする前の最初の関門をくぐり抜けるために、種子には不思議なカラクリが仕込まれているのだ。

幼い芽生えは独り立ちできるのだろうか。親の手を離れると森には危険がいっぱいだ。発芽した途端に昆虫たちが柔らかい葉を食べにくる。まだ栄養の残るドングリ（その中の子葉）をアカネズミがかじりにくる。梅雨には地中に潜んでいた病原菌（カビ）が這い上がってきて柔らかい胚軸《はいじく》を腐らせる。夏になると樹々の葉と一緒に強い毒性を持つ病原菌が舞い落ちてくる。多くの芽生えが死んでいく。それでも芽生えたちは生き延びるために抵抗する。カビや虫たちが嫌う物質を葉に充塡したり、ネズミに食われてもまた芽吹くことができるように根にデンプンを溜め込んだりする。芽生えたちは親の教えを守っているのだ。さらに親たちは究極の庇護を子供たちに与える。自分の友達である菌根菌を子供たちに紹介し、子供たちを間接的に守るのである。森の中には親切に助けてくれる生き物たちも多いのだ。暗い森の中で、さまざまな生き物たちと敵対し、時に共生しながら、芽生えたばかりの子供たちは大きくなろうと奮闘している。

巨木への道は遠い。たとえ、芽生えが定着できたとしても、林冠は遠い。はるか上にある。明るかった林冠の隙間（ギャップ）もいつの間にか塞がって、またすぐに暗くなってしまう。さて、まだ大きくなりきれなかった稚樹はどうするのだろう。その後どうやって生き延びるのだろう。川辺に棲むヤナギがこれから花を咲かせようとした、そのとき、大洪水が幹をへし折ってしまった。若木はどうするのだろう。理不尽とも思える自然の脅威に、若い樹々たちは立ち向かっている。本書は、森の中のさまざまな場所で生まれ、さまざまな自然の猛威に抗いながら、生き延び、大きくなろうとする樹々の赤ん坊、子供たち、そして青年たちの奮闘を伝えたい。その後も長く果てしない巨木への道のりを歩き続ける壮年の樹々のひたむきな姿を伝えたい。そこには物言わぬ樹々の日々の喜びや悲しみがある。毎年繰り返す楽しみもあれば、心の底からの怒りもある。樹々の気持ちをそっと聴いてみたい。

樹々の気持ちを慮る

巨木たちが棲む原始の森はどこにあるのだろう。奥深い山地にある保護林を訪ね歩いた。鬱蒼《うっそう》とした森に一歩踏み込むと高い樹冠に見下ろされる。空気が違う。原始の息吹とはこんなものだろうかと思う。しかし、調べてみていつも不思議に思うのは、そこにあるはずの樹々がみられないことだ。まず、太いケヤキがない。ミズナラもクリも太いが二股だったり、大きな洞《ほら》ができたものばかりだ。通直で太い樹はまずみられない。多分、いや、間違いなく抜き切りされたのだろう。高価であればどんな奥地からでも運んだのだ。北海道の日高山脈の奥から太いミズナラをヘリコプターで運んでいたのはつい三〇年前である。わずかに残された保護林で我々が見ているのは巨木の大半が抜き切りされた後の貧弱な森なのである。長くともに生きてきた森の仲間は急にいなくなってしまった。わずかに残された老巨木たちは今、何を想うのだろう。

森の時間と違い、人の時間は慌ただしい。生活の仕方も目まぐるしく変わる。古来、人間は巨木を崇め、奥地の森は大事にしてきた。しかし、目の前の巨木が高く売れるとなれば片っ端から伐り尽くした。そして、今、生態系を広く保全していこう、と言いだした。白神《しらかみ》や知床《しれとこ》、屋久島などの保護林には人が押し寄せ、太い樹々を見て、自然は大事だと言う。皆、そう思って家に帰る。悪いことではない。物見遊山であるがエコなツーリズムでもある。しかし、保護林以外の森のほうが圧倒的に広い。「守るべき自然」以外への想像力は働いているのだろうか。広大な薪炭林は放置され、将来の巨木候補が伸び伸びと成長している。一方で、パルプチップや薪にするため、まだ若い林が片っ端から伐られている。守るべき森と使い尽くす森に分けられてしまっているかのようだ。同じ樹なのだから、生まれた場所で運命が定められていいはずがない。一本一本の樹にしてみれば、なぜ私はここで生まれたからといって早く伐られてしまわなければならないのか。なぜ、あそこの樹はちやほやされ大事にされるのか、不平等だ、と思っているはずだ。

今一度、樹々の身になって考えてみよう。樹々それぞれの声に耳を傾け、樹々と人間が共存できる世の中が作れないのかを考えてみたい。本書は、樹々がもし語ることができるなら、今、何を言いたいのだろう——そう思って書いたものである。

生育場所ごとに——本書の構成

本書は日本全国の落葉広葉樹林で普通に見られる一一種の樹木と一種のササの「日々の生活」を記したものである。特に花が咲き果実が成熟し、種子が散布され発芽し、芽生えが大きくなっていく過程を描いたものである。樹木の一生で最も危険に満ちた時期である。その後も予期せぬ災いをかい潜りやっと成木となる。そして老木となり長い一生を閉じていく。本書は個々の樹木の「繁殖生態」や「生活史」を記したものだが、人間くさく言えば結婚から赤ん坊の誕生、そして子供が小学校に入り成人するまでを絵で写しとった育児日誌であり、長い壮年期の仕事や家事の繰り返しの中に見出す喜びや悲しみを綴《つづ》った大人の絵日記でもある。さらに奥地の森にひとり立つ老樹の深い哀しみと怒りを聞き書きしたものである。

コラムは、それぞれの樹種の繁殖戦略や生存戦略をより鮮明にするために、樹木が生来持つ生態的特徴（例えば、種子の大きさ、種子発芽のシグナル、葉を開くタイミング、共生する菌根菌のタイプなど）を樹種間で比較したものである。生態的特徴を樹種間で比較することは、個性的なさまざまな樹々がどうして一つの森で共存できるのかを解明することにもつながる。この違いが多種の共存、すなわち種多様性を生み出す原動力となっている。つまり本書のコラムは、個性的すぎるさまざまな個人や家族が、狭い一つの町内会で仲良く暮らしている風景、その曼荼羅《まんだら》模様を写しとったようなものである。

本書は一二種の植物（樹木とササ）を四つの「生育場所」に分けて記述した。生育場所とは植物が成長し普段生活する場所のことで、「ハビタット」とも言われる。植物が好んで生育する場所と言ってもよい。必ずしも最適な生育場所ではなく、押しやられてそこにいる場合もあるが、いずれにしてもある種の植物が「普通に見られるような場所」のことである。

まず自然林として典型的なハビタット、「川辺林」「老熟した森林」「攪乱《かくらん》地（ギャップ）」の三つに分けた。それに「人里に近い林」を加えた。これは人手が頻繁に加えられてきた里山のことである。「川辺林」に生育する樹木は水辺で花を咲かせる。流れる水で種子を運んだり、洪水によってできた空き地で更新したりと、潤沢な水をうまく利用している。しかし、洪水も頻繁に起きる。両脇の谷は急峻で土砂は崩れ落ちてくる。いいことばかりではない。どのようにして適地を探り、大きくなって次世代に命をつないでいるのだろう。「老熟した森」に棲む樹木は、暗い森の中でも更新できる耐陰性の高い樹種が多い。植生遷移の後期に更新してくるもので遷移後期種あるいは極相種と呼ばれる。植物が生きるために最も大事な光が制限された森の中で生き延びるのは大変なことだ。逆境に打ち勝つための思いもかけない戦略を見ていきたい。成熟した森林では老木が枯れたり倒れたりして、森の中にぽっかり明るい隙間、「ギャップ」ができることがある。山火事や地滑りなど広い面積が明るくなる大きな攪乱（大ギャップ）も稀には起きる。大小のギャップができて初めて更新し大きくなれる樹々がいる。ギャップができたことをいち早く察知し、長い休眠から目覚めなければならない。稀な出来事を見逃さない精妙な仕組みを見ていきたい。

本書では四つの生育場所（ハビタット）に分けたが、特定の生育場所だけに見られるような樹種は少なく、広い範囲にまたがって分布しているもののほうが多い。便宜的に主として見られる生育場所で分けて章立てしてある。好きな樹からページをめくっていただきたい。

本書は、前著『樹は語る』（築地書館）と合わせて読むとより理解が深まると思う。前著では、ハルニレ、イヌコリヤナギ、オニグルミ、シラカンバ、ケヤマハンノキ、イタヤカエデ、ウワミズザクラ、トチノキ、ミズキ、ミズナラ、ホオノキ、クリの一二種の語る言葉を聴いた。本書はさらに、ケヤキ、サワグルミ、カツラ、オノエヤナギ、ブナ、チマキザサ、ノリウツギ、コブシ、キハダ、アカシデ、コナラ、ヤマナシの声に耳を澄ましたい。二四種の樹々の声を聴くことで森や樹々への共感が深まるだけでなく、森に入ったとき、樹々との距離が一層近く感じられるようになっていただければ幸いである。

第1章 川辺に生きる

日本各地、よく雨が降る。したがって、どこに行っても川が見られ、当たり前のように水が流れている。急勾配の山地ではしぶきを上げながら渓流が勢いよく下っている。湧き水から始まった細い流れも合流を繰り返すうちにしだいに太い川になっていく。そして、沖積平野に入りゆったりとくねって海に注いでいる。大小さまざまな湖や池もある。そんな豊かな水に恵まれた水辺には「水辺林」が見られる。同じ水辺林でも山地の狭くて急勾配の渓流沿いの林は「渓畔林」と呼ばれ、沖積平野などをゆったり流れる川沿いの林は「河畔林」と呼ぶこともある。

河川の水量には大きな季節性がある。雪解けや梅雨、台風の時期に川は奔流となり、時に溢れて水辺林は攪乱される。樹木たちは幹を折られ、根こそぎ持っていかれる。その跡地には明るい陽光が差し込み、砂や泥が堆積する。種子が発芽し芽生えが大きくなるにはもってこいの環境だ。このような氾濫に依存して更新する樹木がいる。豊かな水を頼みにして水辺を生育場所とする樹種である。彼らは生涯水辺に棲むだけでなく、次世代も、またその次の世代も水辺で暮らす、水辺環境に適応した樹木である。

ここでは水辺に好んで棲む四種の落葉広葉樹を取り上げた。川沿いの急峻な地形に挑む冒険心豊かなケヤキ、流体力学も水理学も熟知するサワグルミ、奥地の渓流にひっそりと佇むカツラ、陽気でたくましいオノエヤナギである。あまり見ることのない水辺での生活をのぞいてみよう。

ケヤキ——欅

大空に向かう

ケヤキの幼木はまっすぐ大空に向かう。毎年、新しい枝である当年生枝（シュート）を鋭角に伸ばし扇形の樹冠を作る。まるで空を掃く箒《ほうき》のようだ（図1-1）。しかし、年を重ねると樹冠はしだいに丸みを帯びてくる。さらに大きくなると、樹冠はきれいな球形となる。枝は長く伸びると先が自重でしだいに垂れてくるからだ。

樹冠の形は同じニレ科のハルニレによく似ている。しかし雰囲気はまるで違う。ハルニレはおおらかに太い枝を広げ、気ままな感じがする。ケヤキはどちらかというと幾何学的で繊細である。太い枝から細い枝への枝分かれが連続的で、枝の先まで丁寧な心遣いが行き届いているようだ。

それにしても、誰にも邪魔されずに伸び伸びと育った木は美しい樹冠を見せるものである。孤立木を英語で「オープン・グロウン・ツリー（open grown tree）」というがまさにそれである。自由に育っても、わがままにならず身を律し、整った姿を見せる。これが、自然本来の姿なのだと感心してしまう。

目立たない花

ケヤキの花を見たことがある人は少ないだろう（図1-2、口絵）。高い樹冠で咲き、それにとても小さいからだ。ケヤキは一本の成木が雄花と雌花を咲かせる雌雄同株で、花はその年に伸びた当年生枝につく。雄花は当年生枝の基部（付け根）のほうに一ヶ所に数個ずつ、雌花は先端のほうの葉腋《ようえき》に一個ずつつく。よく見ると雌しべの白っぽい柱頭が二つに割れて花粉を待っていた。

当年生枝の先端のほうで咲いた雌花が受粉に成功すると胚が成熟し、果実が大きくなる（図1-3、口絵）。秋には直径四〜五ミリのいびつな球形となる。しかし、翼もなく果肉もない果実がどうやって飛んでいくのだろう。誰が散布するのだろう。

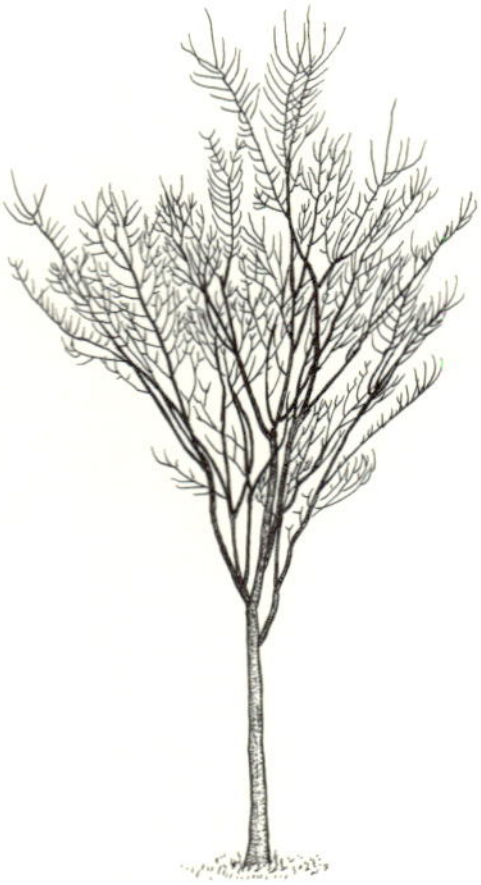

図 1-1　成長とともに変わるケヤキの樹冠形
背丈 3〜4m くらいの幼木は空に向かって枝を伸ばしている（右上）。箒を逆さにしたような樹形だ。若木はまだ 7〜8m ほどの高さだが枝を八方に広げ、少し丸みを帯び始めている（右下）。胸高直径（地上 1.3m の直径）が 1m を超える成木は球形の整った樹冠を見せている（上）。
移転前の東北大学農学部のケヤキはたくさんの学生を見守ったが、今は巨大な商業施設が隣に建設中だ。夏になれば広い緑陰の下、たくさんの人たちが憩うことだろう。せわしなく移り変わる影絵のような都会を背景に、大ケヤキはしぶとく生き続けている。

図 1-2　ケヤキの花

当年生枝の先端のほうに雌花が咲き、基部に雄花が咲く。

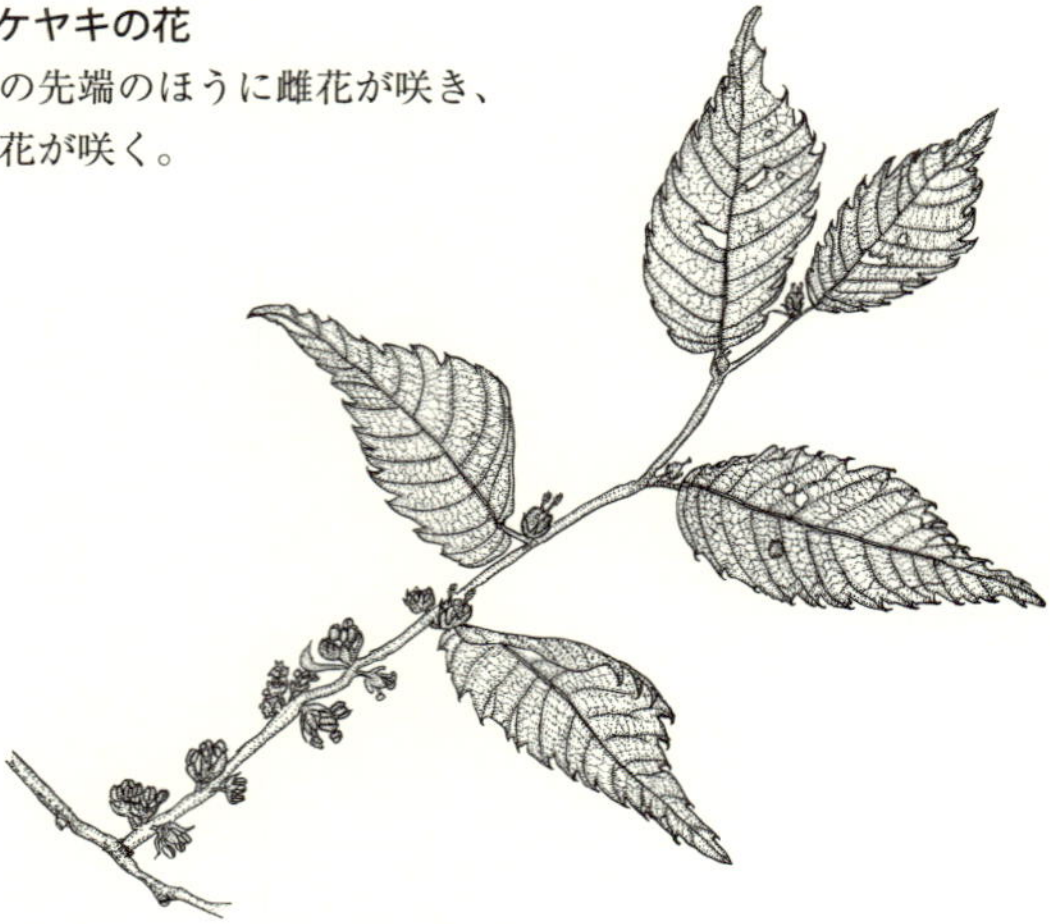

図 1-3　ケヤキの結果枝と果実

秋遅く、当年生枝の葉は乾燥して軽くなる。成熟した果実は浮力の増した当年生枝とともに風に乗って飛んでいく。

空飛ぶ果実

ケヤキの果実が散布されているのを最初に見たのはきれいに刈られた牧草地である。広い草地で子供たちとキャッチボールをしていた。ボールの脇に七〜八センチの細い小枝が落ちていた。ケヤキの葉がついているのでケヤキの当年生の小枝だ。拾ってよく見ると驚いたことに、三〜四個の小さな丸い果実がついていた。果実は当年生枝とともに風に乗って運ばれていたのだ。

果実をつけたまま飛ぶので、この当年生枝を「結果枝」と呼んでいる。秋になると結果枝の葉はカラカラに乾燥し茶色に変色してくる。そうすると、結果枝は一年生枝から離れやすくなり、強い風が吹くと果実をつけたまま親木から飛び立っていく。葉が翼となり浮力を生み出しているのだ。無風状態の体育館の高いところから結果枝を落とすとゆっくりと落下する。その間に風が吹けば遠くに飛んでいけるのである。果実だけの単体で落とすとストンと落下してしまう。結果枝と一緒でなければ、決して遠くには散布されないだろう。

急斜面に純林を作る

最上川《もがみがわ》のゆったりとした流れを右手に見ながら、山形県の新庄から酒田へ向かう。松尾芭蕉の通った道だ。しばらく行くと左手の急な斜面に黒くとがったスギの樹冠が見え始める。濃い霧の中に浮かんで墨絵のように見える。スギの天然林だ。しばらく行くと霧が晴れた。今度は右岸の急斜面にケヤキの群生が見えてきた。

どこにケヤキがあるのか。秋になるとはっきりとわかる。特に種子の豊作年には歴然とする。他の樹種より早く葉が茶色に色づき始めるからだ。結果枝の葉からいち早く養分を引き上げ果実に回し、成熟を促しているためだろう。同時に、水分を引き上げ葉を軽くし、翼の働きをする結果枝がより遠くに飛べるようにするためでもあるだろう。

ケヤキは川沿いの急斜面で優占する。そういった報告は多い。しかし、ケヤキ林ができあがるのは川沿いが好きなためなのか、斜面が急だからなのか、どちらが影響しているかはわかっていなかった。疑問に思った大学院生の布施修くんは、宮城県内の一一〇〇ヶ所もの林分調査資料を解析した。すると面白い傾向が見えてきた。傾斜が急であればあるほど一つの林分におけるケヤキの占める割合が高いのである。特に三〇度以上の急斜面ではしばしば純林を作る。急傾斜地では土砂の崩落や地滑りなどが起きやすく、樹々がなぎ倒され大きな空き地ができることがある。鉱質土壌や砂礫《されき》が剝き出しになり、

図 1-4　急斜面のケヤキの純林

急流は大きな岩盤の底を縫うように流れている。切り立った岩盤の上には滑り落ちるような急傾斜があり、ケヤキの純林が見られる。

そこに大量のケヤキの種子が当年生枝ごと飛んでくる。多分ケヤキの結果枝は強風に乗れば相当遠くまで飛んでいくに違いない。そして結果枝からポロリと地面に落ちた果実（種子）が一斉に発芽してケヤキの純林ができあがるのだろう。布施くんはそう推論した。

奥の細道にほど近い宮城県鳴子町の東北大学フィールドセンターにもケヤキの純林がある（図1-4）。牛舎の奥の広大な採草地を抜け、広葉樹の二次林に入る。しばらく歩くと大きな岩盤の隙間を縫うように流れる急流に出る。岩盤の上を見上げると急な斜面にケヤキが密生している。ケヤキに興味を持った大学院生の大山裕貴くんが調べてみると皆、胸高直径（地上一・三メートルの直径）二〇～四〇センチで高さも揃っている。多分、一斉に更新したのだろう。人がかろうじて立っていられるような三〇度以上の急斜面だ。ところによっては四〇度以上もある。スパイク付きの長靴でも立っているだけで足に力が入る。少し怖さを覚えるほどだが、スニーカーを履いた大山くんはニコニコしながら飛び跳ねて調査をしていた。

このケヤキの純林は渓流沿いに見られるものの、水面からは高さ一〇メートルほどの岩盤で遮られており、さらにその上の尾根筋まで続いている。特に尾根筋では渓流の潤沢な水分を利用できるとは思えない。ケヤキは水辺によく見られるが、水が必要だからではなく、日本の河川沿いに発達する急傾斜の地形を利用しているだけなのかもしれない。このケヤキ林を眺めるとそう思わざるを得ない。さらに詳しく調べてみることにした。

斜面にしがみつく根

もし急斜面に空き地ができたとしても、そこにタネを飛ばしているのはケヤキだけではないだろう。ヤマハンノキやアカシデ、イタヤカエデなど他の広葉樹も風に乗せてタネを送り込んでいるはずだ。しかし、急斜面ではケヤキが優占している。他の樹種は少ない。急斜面ではケヤキが他種よりも生き残りやすいのだろうか。もし、そうなら、どんな術を使っているのだろう。

そこで、急な斜面に八種の広葉樹のタネを播《ま》き、芽生えを観察することにした。樹木の長い生涯の中でも、芽生えの時期の死亡率は最も高い。したがって、この時期にどこで生き残るのかを比較すれば、ケヤキがどこで定着しやすいかがわかるだろう。そう考え、当時理学部の大学院生だった永松大くんと研究生だった酒井暁子さんと一緒に、まずはみんなで種子採取をした。この作業はことのほか楽しい。特に多くの樹種が豊作の年に当たると大量のタネが楽に集まり、福々しい気分になる。その年もケヤキの他にミズナラ、コナラ、イタヤカエデ、アカシデ、イイギリ、ハンノキ、ヤマハンノキの計八種を集めることができた。それぞれの種子を山腹の急傾斜地だけでなく、なだらかな山頂部分と平坦な谷底の三ヶ所に播いた。急斜面ではどの種の芽生えが生き延びるだろう。二週に一遍、通い続けた。母グマに追いかけられながらも一年間調べた結果は予想通りであった。急斜面では、ケヤキの芽生えの定着率は他の樹種よりも群を抜いて高かった。トラップに入った土砂量を調べると、急斜面では土砂が絶えず移動することもわかった。調査に行くたび、ケヤキ以外の実生《みしょう》の根が剝き出しになり斜面の下のほうに土砂とともに流されて死んでいるのを見かけた。また不思議なことに、他の木と違いケヤキは山頂や谷底よりも山腹の急傾斜地で一番定着率が高かった。水分の豊富さはあまり問題にしないようだ。こんな樹種は他にはいない。ケヤキはどうやって急斜面で踏みとどまっているのだろうか。

急斜面で生き延びている当年生の実生をよく見ると、根を三方向に広げていたが、そのうち、二方向に張り出した根の先端が地面から離れていた。土の移動で流されたのだ。しかし、一つの根の先端が斜面に深く差し込まれ、かろうじて斜面で踏ん張っていた。急傾斜地で生育するケヤキの四年生の実生の根を見てみると水平方向に広く伸ばし、そして地面に根を差し込んでいるように見える（図1-5）。太い木も同じだ。立っていられないような急斜面に立つ太いケヤキも根を広く四方に張り巡らし、先端は地中深く差し込まれているようだ（図1-6）。こんなふうに斜面にしがみつくような根の張り方をすることでケヤキは急傾斜地で踏ん張っているのだろう。他の樹木が耐えられないような急斜面で優占する理由がわかったような気がした。

ケヤキの果実は当年生枝とともに散布されるので、急斜面でも枝や葉が果実（種子）の転落・落下を防いでいるのではないだろうか。結果枝と一緒に飛んで、一旦急斜面を見つけることさえできれば、あとは枝葉に守られ発芽し、四方に根を張ることでがっちりと定着できるのだろう。山地に

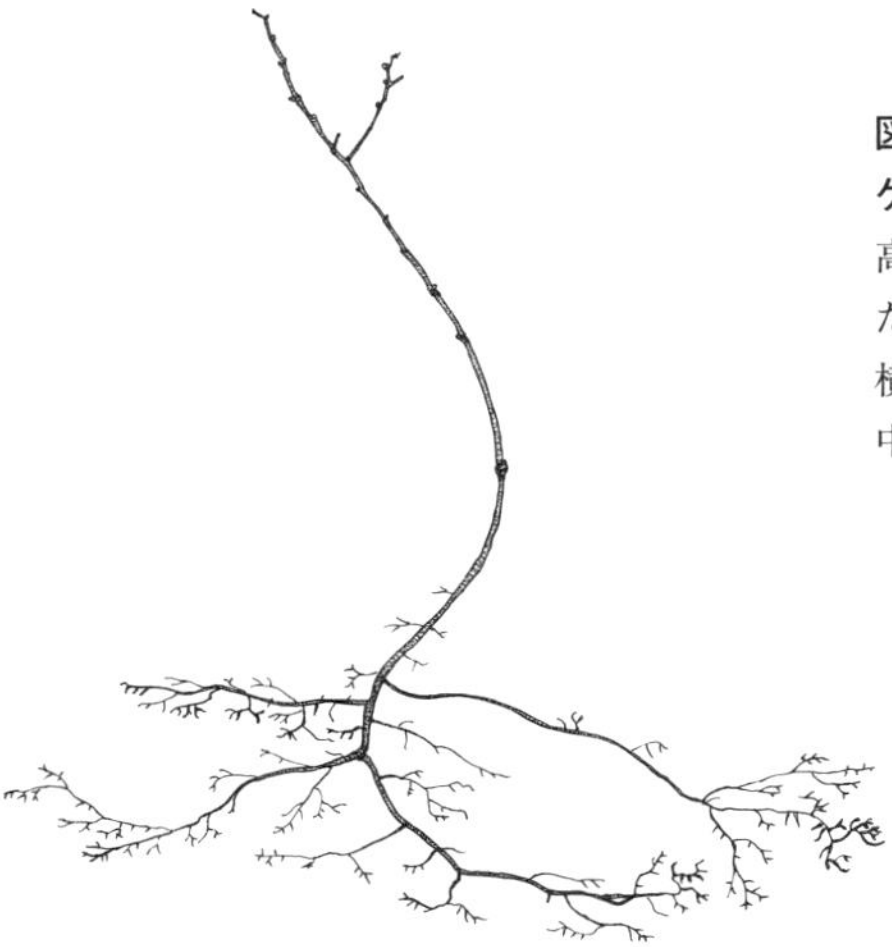

図 1-5　急傾斜地にへばりつくケヤキの実生

高さ 14cm ほどの 4 年生の実生だが根系が発達している。特に横方向に長く伸ばし、先端を土中に差し込んでいる。

図 1-6　急斜面に立つ太いケヤキ

大きな体を支えているのは四方に長く伸ばした太い根だ。図 1-4 で見た純林のすぐ上流で見られたケヤキである。

は誰も棲めそうもない厳しい場所があちこちにある。そんな辺鄙《へんぴ》で、誰が見ても棲みづらそうな急傾斜地でも、ケヤキにとっては絶好の生態的な適地（ニッチ）なのである。他の木々が棲めないようなところで根を張り、むしろ伸び伸びと枝葉を広げ、見晴らしの良い自分だけの世界を楽しんでいるのだろう。

もっと遠くに飛ばすために

ケヤキの親木は人を寄せつけないような切り立った斜面の上に立ち、風に乗って飛び立つ子供たちを見送っている。ケヤキの果実は小さな「結果枝」とともに飛んでいくが、果実をあまり多くつけていては遠くには飛べない。たとえ、強い風が吹いても、いくら、枯葉を翼代わりにしても、重くては飛べない。それに斜面崩壊などはそうめったに起きるものではない。結果枝をかなり遠くに飛ばさないと崩壊地などの空き地に舞い降りるチャンスは訪れないだろう。そこで、遠くに飛ぶのはどんな結果枝か調べてみることにした。

大山くんは、親木からの距離別に種子トラップを設置した。最大三〇メートル離れたところまで置いた。九月初旬、親木の真下に置いたトラップの中に何か入っている。驚いたことに結果枝は見当たらない。小さなゆがんだ球体がいくつか落ちていた。ケヤキの果実は当年生枝と一緒に散布されるものと思っていたが、まずは枝から離れて単独で落ちていたのである。

秋が深まるとともに結果枝も落下してきた。その後、結果枝上の果実も重さを増していった。しかし、重くなる前にかなりの数を単体で落下させていたのである。「重くなると飛べなくなるので秋の早いうちにタネの数を減らし、重くなった少数の果実を遠くに飛ばしているのだろう」。大山くんは、そう推理した。一つの枝につく葉の面積は変えられないが、果実の数は減らせるからだ。ケヤキの親たちは一個でも二個でもいいから子供たちが、誰もいない急傾斜の空き地に到達できるようにしているのだろう。そのために、あえて〝間引き〟しているのだろう。そう思って早期落下した果実の中身を調べてみて驚いた。

飛ばない果実

単体で落下する果実は〝不要なもの〟なのだろうか。そうだとしたら、シイナ（受粉に失敗し、胚が未発達で中身が空っぽのもの）だろう。ケヤキもやはり、初めはシイナが落下してきた。ブナやハルニレなども早期落下する果実のほとんどは未受粉か、虫に胚をかじられたものだ。しかし、単体で落下する果実にもしだいに中身が充実しているものが増えてきた。だが、待てよ。無傷で中身が充実していても自分の花粉を受精した「自殖」由来の果実かもしれない。自殖の種子（果実）

はたとえ成熟しても発芽率が低く、発芽しても芽生えが大きくなれないものが多い。早めに落としたほうが親木にとって体力の消耗が少なくて済む。早期落下する果実が、自殖由来なのか、それとも他の木から飛んできた花粉を受精してできた「他殖」由来の果実なのかを、DNAを取り出して調べることにした。

驚いたことに、単体で落下した果実のうち中身が充実しているものはすべて「他殖」であった。もちろん結果枝のまま飛んでいった果実も他殖であった。親木の下に単体で落ちる果実も中身を割ると子葉が発達しており、一個あたり一一～一二ミリグラムもある。結果枝と一緒に散布される果実が一三～一五ミリグラムなので少し小さいだけである。実生を定着させるには十分な大きさだ。発芽率も両者に差はなかった。ケヤキは自家不和合性で健全な果実だけを作るが、その大半を親木の下に落としていたのである。

これは結果枝を軽くし遠くに飛ばすためには好都合だろう。しかし、発芽能力のある健全な種子を親木の下に落とすのは壮大な無駄ではないだろうか。親木の真下は暗くて病原菌もうごめく過酷な環境だ。親木の下に落ちた種子は発芽できるのだろうか。そして生き延びていけるのだろうか。親木はなぜこのようなことをするのだろう。

危険を分散する

熱帯林でも温帯林でも、親木の下に落ちたタネや実生はすぐに死んでしまうことが多い。芽生えが高密度に発生するので病気が蔓延しやすいからである。ネズミや昆虫の幼虫がたくさん集まってきて食べることもある。ミズキやウワミズザクラのように、親木に感染した病気が葉と一緒に上から降ってくることもしばしばだ。だから親木から離れ、遠くに散布されたものだけが生き残り大きくなれる。さらに、同種の子供がいなくなった親木の下に他種の子供が定着するようであれば異なる樹種が混じり合い、種多様性は増すことになる。この傾向は熱帯林でも温帯林でも多くの樹種で知られており、いわゆる「ジャンゼン－コンネル仮説」と言われるものである（本書コラム2、拙著『多種共存の森』『樹は語る』〔いずれも築地書館〕参照）。しかし、近年の研究は樹種によってジャンゼン－コンネル効果の強さが異なることを報告している。一つの森の中では、数の少ない目立たない樹種では特にこのジャンゼン－コンネル効果は強く働き、親木の下でその子供は一〇〇％近く死んでしまう。ウワミズザクラ、ミズキ、アオダモなどはそうである。一方、ブナやコナラなど個体数の多い優占種では親木の近くでも自分の子供たちが結構生き残ることが知られている（本書、ブナ、コナラの章を参照）。

はたして、ケヤキではどうだろう。ジャンゼン－コンネル効果が強ければ、親木の下では種子や芽生えのほとんどは死んでしまい、単体で落下したたくさんの果実が無駄になるだろう。単体で落下した果実の発芽後の運命を探ってみよう。大山くんと調査対象となる太い木を探した。

しかし、太いケヤキが見つからない。牧草地や道路脇で大きくなったケヤキでは、その下の菌類相やネズミの動き方が天然林の中と全然違う。急傾斜地には太いケヤキも見られるが、あまりにも急で調査がやりにくい。老熟した保護林に設定した六ヘクタールの試験地には細いものが一本だけしかない。どこに行っても太いものがない。高価な木なので里山はもちろん奥地林でも抜き切りされているのである。さて、困った。そんなときには東北学院大学の平吹喜彦さんに連絡する。東北に残された原生的な植生をよく知っている。教えてもらって辿り着いたところはほぼ平坦な緩斜面だ。そこには、胸高直径が六〇～八〇センチほどの通直なケヤキが天を衝いて立っていた（図1-7）。ほぼ手付かずの原生的な森である。

大山くんは互いに離れた太いケヤキを五本選んだ。それぞれの親木を中心に半径三〇メートルほどの扇形の調査地を作って、親木からの距離別にケヤキの芽生えや稚樹の大きさを調べた。暗い森の中でも驚くほどたくさんのケヤキの実生が見られた（図1-8）。驚くべきか、驚かざるべきか。親木の下でも親木から離れていても実生の背丈は同じであった。さらに三年にわたり成長量や生存率も調べたが、親木からの距離とは無関係だった。親木に近くても親木から三〇メートル離れていても差がないのだ。つまりケヤキではジャンゼン－コンネル仮説は成り立たないのである。むしろ、親木の下で芽生えた実生が将来大きくなる可能性もある。親木の近くにも高さ数十センチの稚樹が絶えず存在しているような状況が続けば、そして、いつの日か親木かその近くの木が倒れて日の光

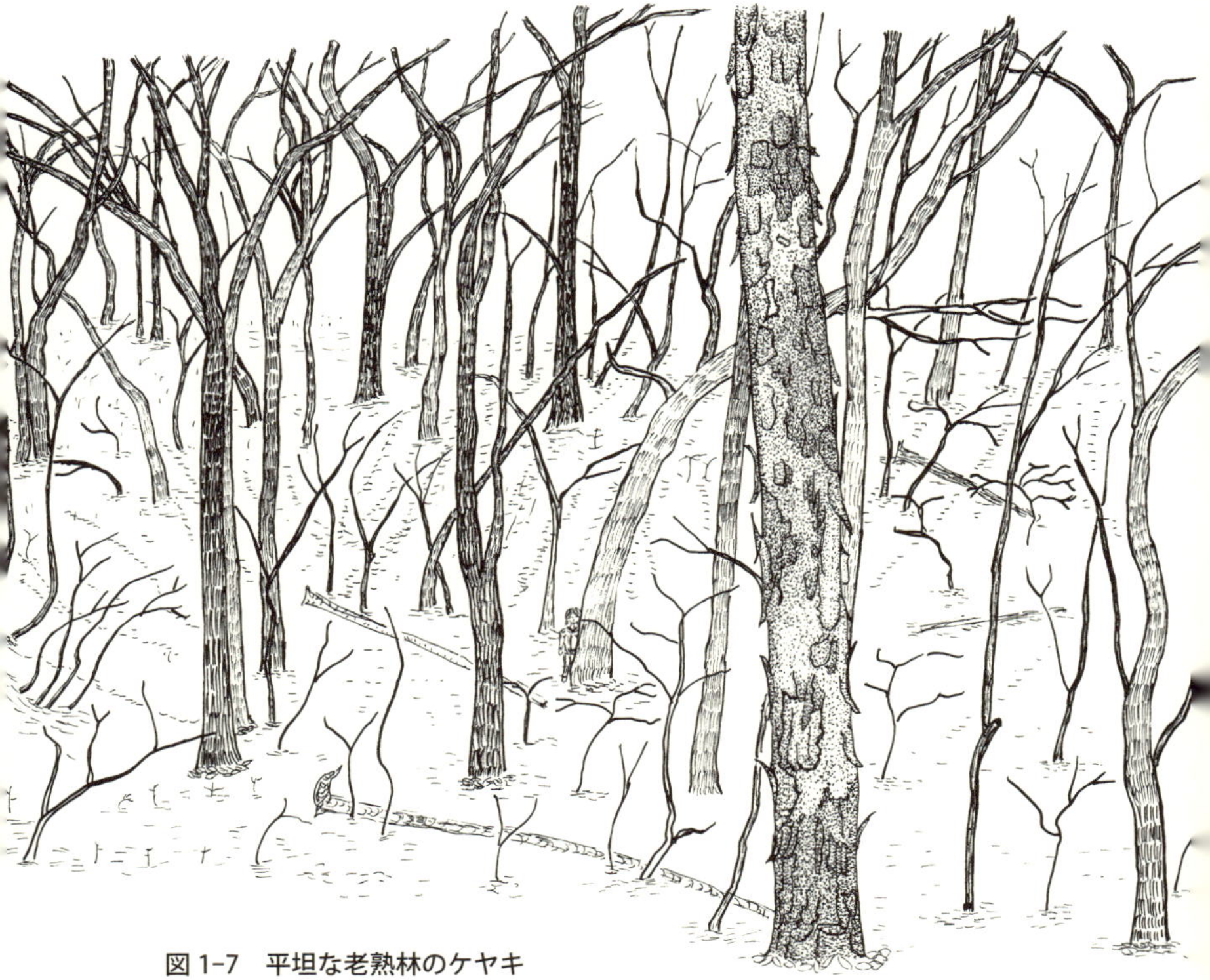

図 1-7　平坦な老熟林のケヤキ

巨木たちが天を衝いてそびえている。胸高直径が 1m を超えるブナ、ミズナラ、イタヤカエデ、クマシデ、コナラが高さ 25m から 30m 近い林冠層を形成している。直径 50cm ほどのヤマモミジやコハウチワカエデ、ハクウンボクなどが 20m から 25m ほどの亜高木層を覆っている。見上げるような高い林冠に複数の階層が見られるのは壮観である。林床にもさまざまな樹種の稚樹や小さな実生がたくさん見られる。しかし、すっきりしていて極めて歩きやすい。

そんな豊かな森で太いケヤキもまた天を衝いてそびえていた。胸高直径は 80cm 近いものもある。200〜300 年は生きているであろうか。自然に更新したケヤキの中では高齢な部類に入るだろう。余力もありそうだし、これからもまだまだ生き続けるであろう。人間の欲の及ばない、天寿を全うするケヤキが森の中にあっても良いと思える風景である。

図 1-8　ケヤキの芽生えと稚樹

単体で落下する種子も結果枝で飛ぶ種子も、ギャップを示す光のシグナル（高い赤色光／遠赤色光比）とは無関係に発芽する（コラム 4 参照）。つまり、暗い林内でも発芽できる。芽生えは発芽後すぐに子葉を 2 枚広げるが、ほぼ同時に本葉を一対開く（上）。すぐにもう一対開くが、子葉はまもなく落ちてしまう。森の中の暗いところで発芽すると本葉 4 枚のまま秋まで過ごす。明るいところで発芽すると次々と葉を展開しながら伸びていく。葉の開き方も葉の形もハルニレとよく似ている。ケヤキの大木の樹冠下にも大きな実生が見られた（下）。単体で落下した大量の種子から発芽したものだろう。

が差し込めば急に伸長して林冠に達するチャンスも生まれてくる。ケヤキは遠くに飛ばすだけでなく、健全な種子を近くに落とすことでも子供を成人させるチャンスをうかがっているのである。

多分、ケヤキの親が子供を遠くに飛ばしてやりたいと思っているのは間違いない。しかし、種子が散布できる範囲にある急傾斜地で地滑りや斜面の崩落が起きるのは、めったにないことだ。数十年から長ければ一〇〇年以上も待たなくてはならないだろう。このような極めて稀なイベントだけを待っていたら自分の寿命が尽きてしまう。一個の子供も残さず死んでしまうかもしれない。そうならないように、親木の近傍に大量の予備軍を用意して少しでもチャンスをうかがっているのだろう。急傾斜地の攪乱だけに依存する危険を避け、平地でギャップができることも期待しているのである。それでさえ、極めて稀にしか起きないこともケヤキの親木は知っているのだろう。それでも子供をどうにか生き延びさせるため、全部ダメになることを避け「危険を分散させている」のである。実際、宮城県内の一一〇〇林分のデータは、ケヤキが傾斜のない平坦な森では優占度は低いものの、他のいろいろな広葉樹と混交していることを示している。多分、小規模なギャップ形成などのチャンスをものにして大きくなったものなのだろう。そこには単体で散布されたものも多く含まれているに違いない。

ケヤキのようにさまざまな地形で生育できる樹種では、特定の場所で定着できる特殊化した種子だけを作るよりも、幅広いエリアに適応できるようにさまざまなタイプの種子を作るほうが、子供を残す確率は高くなる。こういった危険分散は種子で更新するチャンスがたった一回しかない一年生草本でよく知られているが、長い一生の間に何十回も種子を生産することのできる樹木ではあまり見られないと言われている。しかし、ケヤキと同じニレ科のハルニレもまた種子発芽の時期を生育場所によって分けることで危険を分散し、広いハビタットで生活している（『樹は語る』参照）。ケヤキは風に乗って小枝と一緒に飛んでいく種子と、飛ぶこともなく親木の枝から一つひとつポロリと真下に落下する種子の二通りのタネを作り、かなり気長に子供が大きくなるチャンスを待ち続けているのだろう。

祖母の引き出し

祖母が人力車に乗って嫁いできたのは今から一〇〇年も前のことである。そのとき持参したケヤキの小さな引き出しを母にもらった（図1-9）。鉄の取っ手を引っぱると、中から子供の頃の祖母の思い出が当時の匂いとともによみがえってきた。体が弱かった祖母はあまり田んぼや畑には出ずいつも家のあたりにいた。春の暖かい日、家の前の小川の脇で一緒にヨモギ摘みをした。そのあと、引き出しを開け櫛《くし》を取り出し長い髪を梳《す》き始めた。まとわりついて柘植《つげ》の櫛を割ってしまった。あらあらと言ってニコニコしていたのを覚えている。

図 1-9　祖母の引き出し

引き出しを開けると中には古い牛革のペン入れがしまってあった。遠いニューギニアで 21 歳で戦死（病死）した叔父のものだ。美しい玉杢《たまもく》の中には叔父の無念と、祖母の痛ましい記憶が詰まっている。

杢とは材の面に現れる装飾的な紋様のことで、木部形成時に節や瘤《こぶ》ができたり休眠芽が混ざったりすることで繊維の走行が錯綜してできる。道管の不整配置や波状年輪でもできる。さまざまな樹木でさまざまな種類の杢が見られ、紋様の形状から命名されている。例えば、縮れ杢、波状杢、如鱗《じょりん》杢、鶉《うずら》杢、そして玉杢などである。

サワグルミ —— 沢胡桃

まっすぐな樹

奥深い森を歩く。沢沿いにトチノキの巨木が群れている。一メートルを超える幹が巨大な樹冠を支えている。少し登ると三つの小渓流が合流し、ワサビが白い花を咲かせている。カツラの巨木が空高くそびえ、その株立ちした幹をおしゃれな葉をつけたオヒョウの細い枝が横切っている。その奥のほうに通直な幹が十数本立ち並んでいる。見上げるように高い一団はサワグルミだ。樹高三〇メートルは超えているだろう（図2-1）。同じクルミ科のオニグルミとは対照的な樹形だ。オニグルミは下流の平坦な広い川辺で太い枝を四方八方に伸ばしている。それに比べ狭い渓流沿いで育ったサワグルミは脇目も振らずに上に伸びている。周囲の木々が迫り上へ行かないと光を得られない

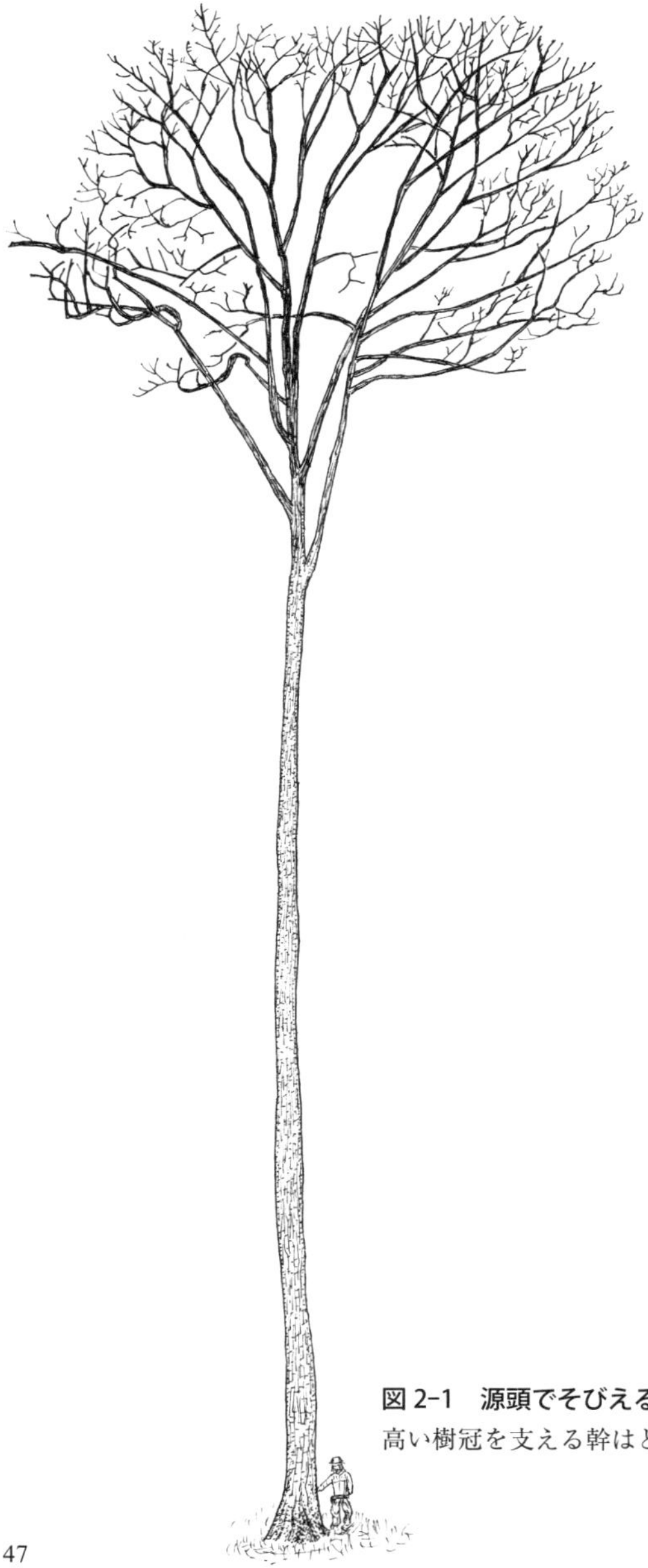

図 2-1　源頭でそびえるサワグルミ
高い樹冠を支える幹はどこまでもまっすぐだ。

からだろう。それにしてもサワグルミは素直に伸びている。

翼のある果実

枝は通直な幹から水平に長く伸び、そして幾層にも重なる。そのすべての枝に穂状の果序（集合果）が大量にぶら下がっているさまは壮観でさえある。一つひとつの果実には平べったい翼が見える（図2-2）。多分、果実を風に乗せて攪乱跡地など明るい場所に運ばれやすくするためだろう。渓流沿いでは洪水や土石流によって樹々がなぎ倒され、明るい場所ができることがある。実際、北海道南部の幅広い沢を歩いていたときも、渓流沿いにサワグルミの集団が見られた。何もなくなった広い空き地に飛んできたタネが発芽して成立したのだろう。サワグルミは果実が風散布されることによって更新する。なんとなく、そう考えられてきた。

なぜ川岸に並ぶのか

同じ森を歩き続けると、なんとなくわかったつもりでいたことが、じつは根拠が希薄だったと気づくことがある。サワグルミに関してもそうだ。これまで、サワグルミの果実は単に風によって散

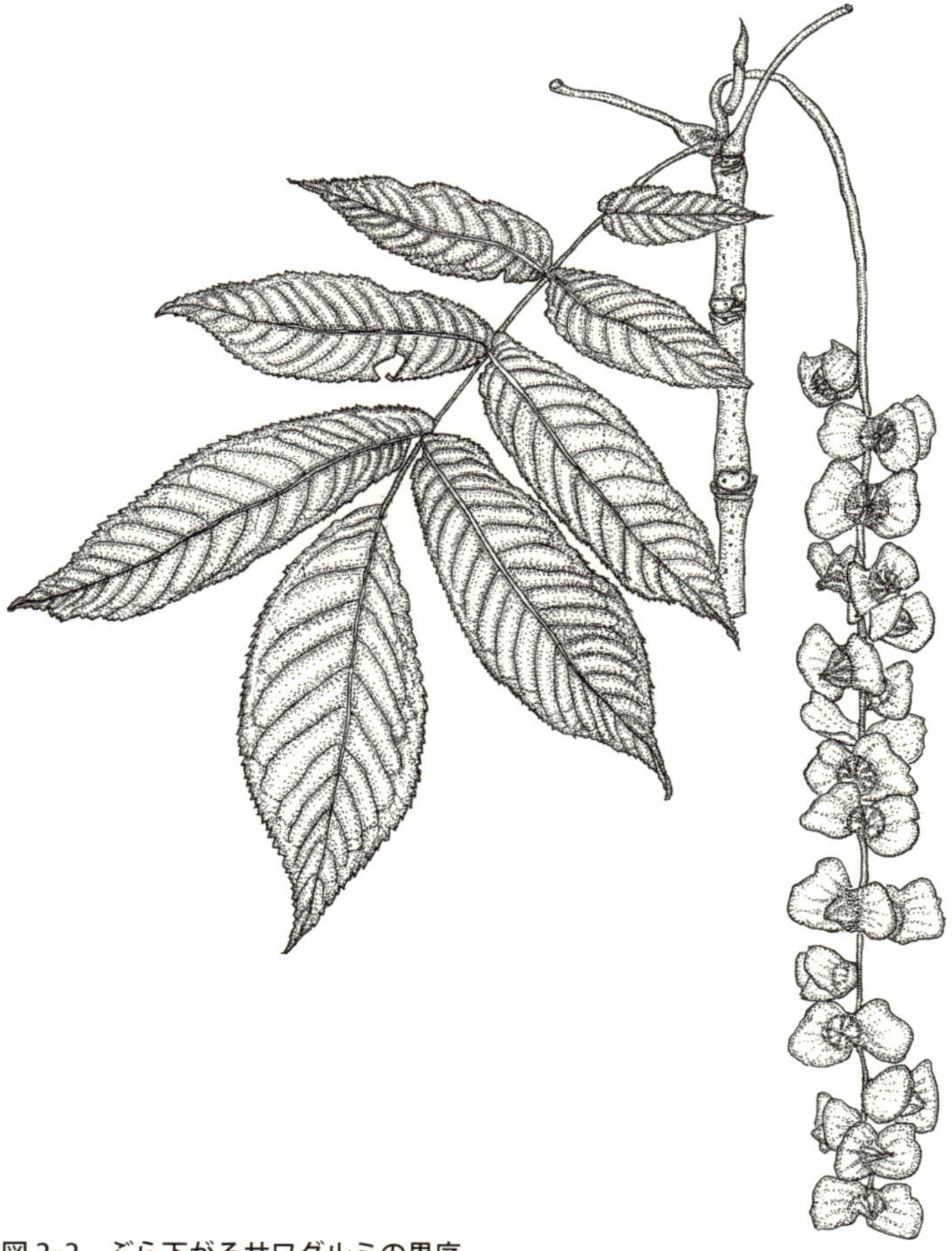

図 2-2　ぶら下がるサワグルミの果序

水平に伸びた枝から穂状の果序がまっすぐにぶら下がっている。果序にはたくさんの果実が中身をみなぎらせている。一つひとつの果実が大きいわりには一つの果序にたくさんの果実がぶら下がる。数えてみると 1 果序あたり 19 個もあった。母親としたらかなり身を削り子供に投資しているように思える。

布されていると考えていた。そうだとしたら、サワグルミの実生は河川の周囲で満遍なく見られてもよさそうだが、実際には川岸から少しでも離れてしまうと極端に少なくなる。風散布で届きそうな周囲の広い森の中ではほとんど見られない。サワグルミの成木や稚樹はしばしば川岸に並んでいるのを見かける。川の中の砂州にも実生がたくさん生えている。どうも、サワグルミの更新は、風だけでなく、「水の流れ」とも関係がありそうだ。

そんなことを考えていたとき、広い渓流沿いに川に向かって長く枝を張り出しているサワグルミを見つけた（図2-3）。長い枝にはたくさんの果序がぶら下がっている。これらの果実の大半は川面に落ちるだろう。そうだ。サワグルミの果実は水の流れによっても散布されているに違いない。ただ流されるだけでなく、イヌコリヤナギのように定着しやすいところに、ピンポイントで辿り着くために水を利用しているかもしれない（『樹は語る』参照）。思案していると釣りが好きな五十嵐知宏くんが研究室にやってきた。「サワグルミがなぜ川岸に並ぶのか」。二つ返事で彼の研究テーマが決まった。

果実を運ぶのは誰だ

果実の形をまじまじと見る。どう見ても中途半端だ（図2-4）。翼はあるが狭い。全体がゴロン

図 2-3　川面に張り出した枝にぶら下がるたくさんの果序

山側には他の木々がいるので枝を伸ばせないが、川のほうは空いているので長く伸ばせる。張り出した枝から落下した果実のほとんどは水面に落ちるだろう。それらは、どこに行くのだろう。

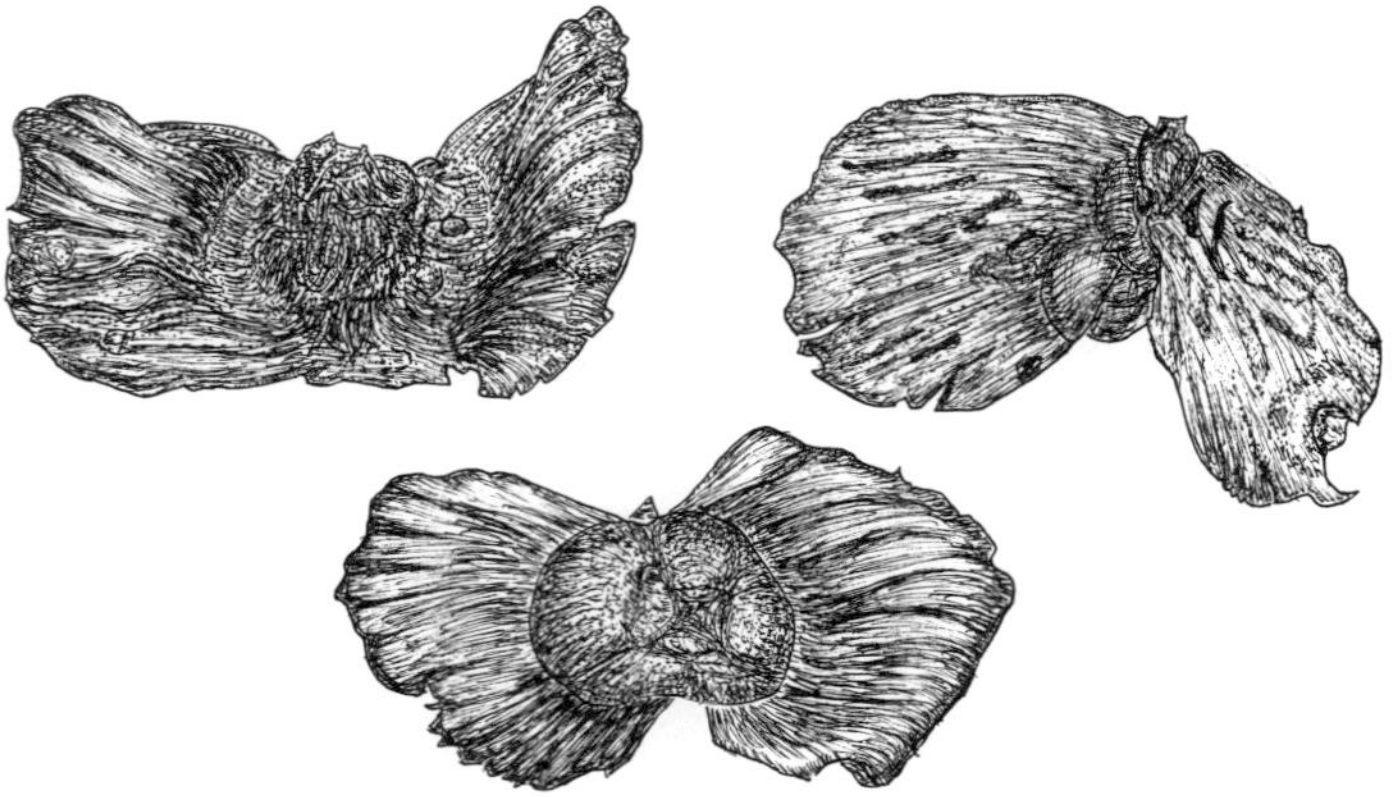

図 2-4　サワグルミの果実

サワグルミの果実は見た目よりもかなり軽い。中がコルク質だからだ。しかし翼は狭く妙に厚ぼったいので風散布に適しているようには見えない。割ってみると肥厚したコルク質の果皮が大部分で子葉や胚の部分は極めて小さい。分厚いコルク質は水に浮くためにあるのだろうか。

としていて丸い。見た目より軽いが、風に乗るには重い感じがする。水面に落ちたとしても、ちゃんと浮くのだろうか。いずれにしてもサワグルミのお母さんは自分の子供がちゃんと大きくなれる〝適地〟に辿り着けるように果実の形を工夫しているはずだ。一つずつ紐解いていくしかない。

五十嵐くんは、まず、どこで実生が定着しているのかを調べるため川辺付近に典型的な三つの場所を選んだ。一つ目は段丘の奥に広がる森の中だ。そこでは生まれたての当年生実生はたくさん見られたが、それ以上大きく成長している実生は一つもなかった（図2-5）。若い二次林でギャップができにくいためだろうが、病原菌や昆虫などの天敵が多いせいでもあるだろう。二つ目は川の中の砂や礫が堆積してできた起伏

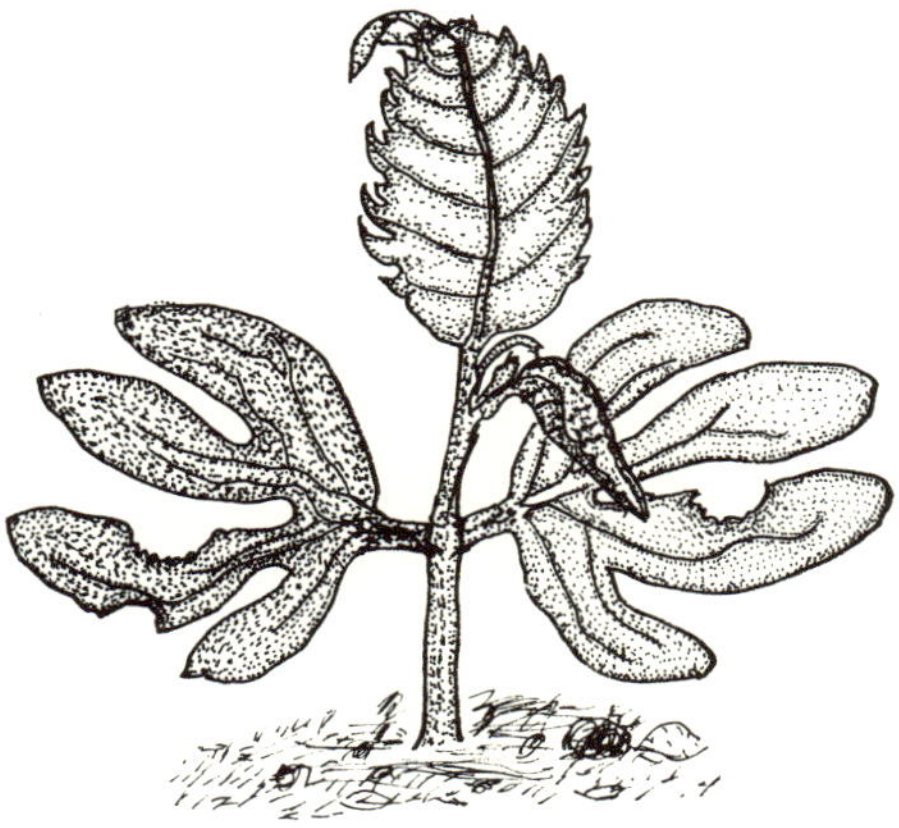

図 2–5　サワグルミの芽生え
子葉はまるで赤ん坊の手のひらのようである。

に富んだ中州、いわゆる砂礫堆だ。三つ目の場所は川の土手の斜面、いわゆる段丘斜面だ。砂礫堆も段丘斜面も上を見上げると林冠の隙間なのでとても明るい。この二つの場所では、当年生だけでなく四年生以上の大きな実生も多く見られた。明るい沢沿いでサワグルミの実生は長く生き延びているようだ。

しかし不思議な現象が見られた。種子（果実）トラップに入った果実の数より、その脇に設置した調査枠で見られた当年生実生のほうが多いのである。上に向いた種子トラップの中には風散布された果実だけが入るので、風以外の方法で運ばれてきた果実が調査枠で発芽し定着していることを示している。多分、水に乗って運ばれてきたものだろう。水散布の有効性をさらに詳しく調べることにした。

二万個の果実を川に浮かべる

本当に水に浮くのだろうか。浮いたとしてもどれほど長く浮いていられるのか。そして、どのくらい下流まで運ばれるのだろう。最終的に辿り着いた場所はサワグルミの芽生えにとって定着しやすいところなのだろうか。論より証拠だ。さっそく、果実を川に浮かべて追跡してみることにした。まず二万個の果実（タネ）を集め、遠くからでもわかるように赤い塗料を塗った。そして川に流す前に電子レンジでチンと加熱した。遠く離れた場所からもタネを採取したので「遺伝子攪乱」が起きないようにするためである。植物はそれぞれが生育している地域に適応した遺伝子組成を持っている。あまり遠くからタネを持ってくると、異なる遺伝子を持った個体が地域の個体群に侵入してしまう。そこで交雑して生まれた個体はその環境に適応できない場合がある。それらが増え、その地域の個体群が衰退するといった事態は避けなければならない。

秋の盛りの一〇月中旬に二万個のタネを山地の渓流、田代川《たしろがわ》に投入した。狭い渓流は赤いタネで溢れた。驚いたことにすべてのタネが浮いたのである。それもプカプカとかなり余裕をもって浮いていた。しばらく見ているとタネは少しずつ下流のほうに移動していった。毎週のように追いかけているうち、しだいに赤いタネの帯は川下の方向に長く伸びていった。

最初は目立っていた赤いタネも、だんだん探すのが大変になっていった。一二月になると風の冷たさもかなり堪《こた》える。降雪の直前の一二月半ばに最後の調査を行ったところ、ほとんどのタネは投下地点から四〇〇メートル以内で見つかったが、稀に一キロ以上下流に流されたものもあった。雪が舞い始め、最後まで残っていたヤマハンノキの葉も落ちてしまった。そのうち降り積もった雪で赤い塗料も一切見えなくなった。今年は終わりにして春に再開することにしよう。

雪解け水

東北の山地にも暖かい日差しが戻ってきた。山の雪が解け出し、川は水嵩《みずかさ》を増している。渓流沿いはところどころ水が溢れ出しているが、地面が完全に顔を出すのは決まって連休明けだ。五十嵐くんはオノエヤナギの研究をしている先輩の上野直人くんと連れ立って、まだ冷気が漂う田代川に赤い果実を探しに出かけた。胴長を穿《は》き、冷たい水の中にじゃぶじゃぶ入ったが、なかなか見つからない。それもそのはず、調査区域の端とした下流一四〇〇メートル地点にまで流されていた果実もあり、調査区域内のタネの分布はかなり疎《まば》らになっていたのである。思ったより下っている。山形大学の越智温子さんと小山浩正さん（故人）が調べたところ、風による散布距離は最大でも数十メートルくらいだという。水のほうが圧倒的に遠くまで移動できるのである。

五十嵐くんと上野くんの苦労の甲斐あってさらに面白いことがわかってきた。雪解け後に見つか

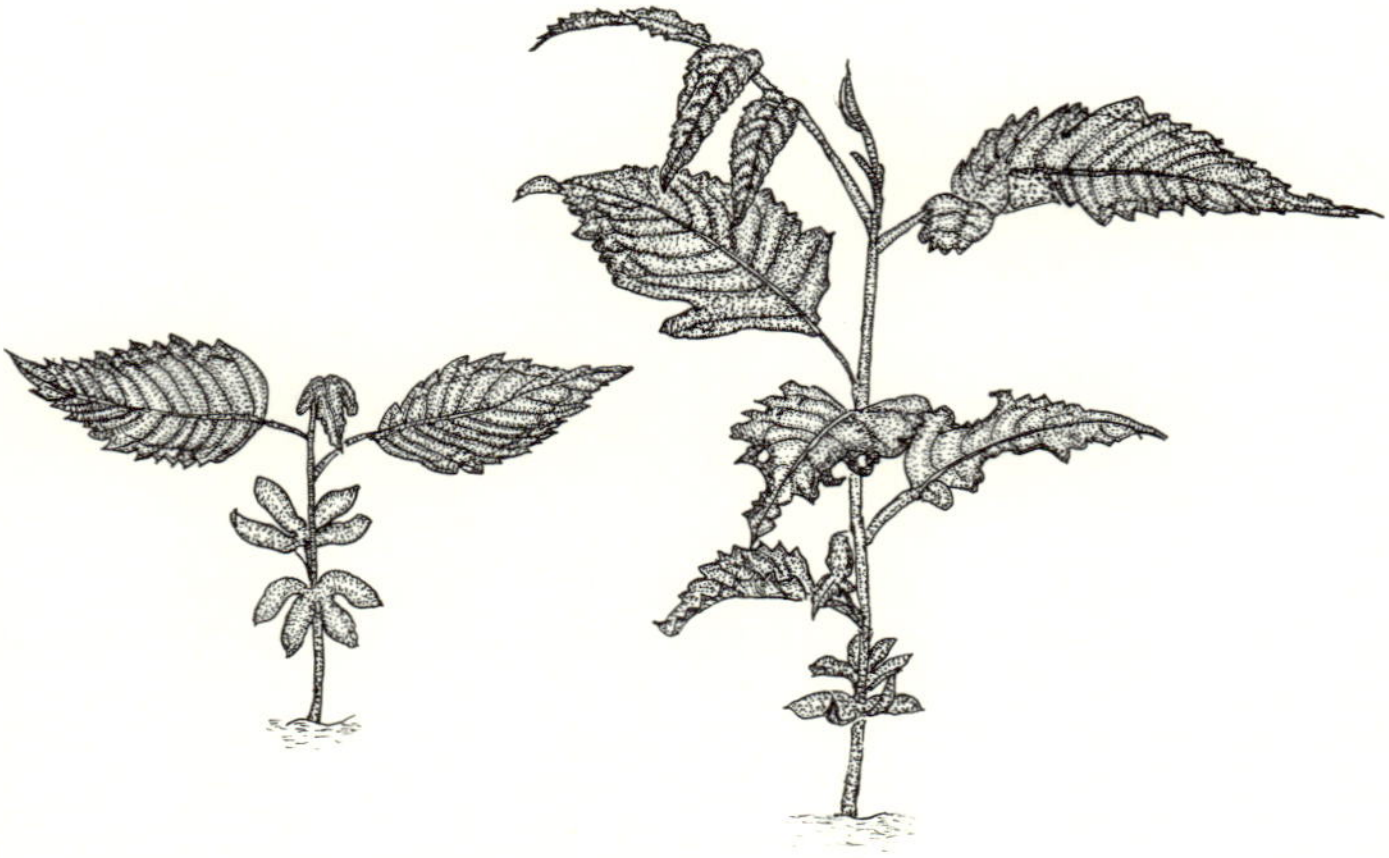

図 2-6　段丘斜面で大きく育つサワグルミの芽生え
雪解けの洪水で打ち上げられた土手の上はサワグルミにとってこの上ない天国である。土手の上で葉を広げるサワグルミの芽生えを見ていると、遠い上流に棲む親木の安堵の気持ちが伝わってくるようだ。

った赤く染められた果実は、前年積雪前に調べた場所より高いところにも押し上げられていたのである。果実が着地していた高さは、実際に実生が見られる範囲と一致しているばかりか、より高い位置で発芽した実生ほど大きく成長していた（図2-6）。この現象は砂礫堆（砂州）でも段丘崖（土手）でも見られた。つまり、果実は雪解け水によって高いところに押し上げられ、ある程度の高さ以上に押し上げられた果実だけが発芽し定着したのである。そして高いところで発芽したものほど洪水の被害も少なく、大きく生育できたのだろう。段丘の奥の森の中でも春には多くの種子が雪解け水で押し上げられていたが、やはり実生は生き延びることはできなかった。

育ての親

七月、雨が続く。渓流沿いの平坦な森ではハルニレやヤチダモ、ハンノキなどが林冠を覆っている。ギャップでもできない限り芽生えが生き延びるのは無理だろう。そう思えるほど暗くてじめじめとしている。しかし、長く待っていてもギャップに遭遇する機会は稀だ。だが、渓流沿いは違う。川の中には木が生えないので段丘崖は周囲の森の中より明るい。その上、大小の洪水が頻繁に起きるので段丘崖（土手）がえぐられ、ときどき木々が根返っている。低木や草本も除去される。水が溢れただけでも草や落ち葉、小枝などが除去される。加えて、新しい土砂が堆積し鉱物質の土壌が

剝き出しになっているところも多い。水分も豊富である。渓流沿いは、タネが発芽し芽生えが大きく成長するにはもってこいの場所なのである。こんな条件の良いところは森の中にはめったにない。つまり、サワグルミの果実は水に浮きながら下流に散布され、さらに雪解け時の洪水によって高いところに押し上げられ、実生の定着に最も適した場所に運ばれていたのである。川岸で発芽した芽生えは明るい日の光を受けてどんどん成長し、若木となって林冠に向かって伸びていた（図2-7）。

　川はサワグルミの子供たちを森の中の一番良いところに運んでくれる。発芽した後も豊富な水と光を用意してそばで見守っている。サワグルミが大人になっても果実の成熟を助け、そして川に浮かべさせる。サワグルミは川で命をつなぐ。川はサワグルミの育ての親なのである。

　親木は川の流れを使って子供たちを遠くに旅立たせる。そうすることによって、同じ川沿いでも、親子だけでなく兄弟姉妹も互いに離れて暮らすようになる。血縁関係にある個体同士が互いに花粉を受け取らないようにしているのである。水散布に適した果実を作るのは、近親交配を避けて健全な子孫を残すためでもあるのだろう。サワグルミにとって水散布は個体群の分布拡

図 2-7　段丘崖で成長するサワグルミの稚樹

田代川の段丘崖（手前）に３本の稚樹が並んで育っていた。林冠が空いているので伸びが速いようだ。

図 2-8　中州のサワグルミ
山地の急な渓流沿いでまっすぐに伸びている個体に比べると、中州の個体は随分とずんぐりしている。この数個体は少しだけ高いところに一列に並んでいた。

図2-9　サワグルミの冬芽と開葉
広い中州で大きくなったサワグルミは低い位置から枝が出ているので冬芽を観察するにはちょうど良い。芽鱗《がりん》は早めに落とし、筆のような細長い裸芽のまま冬を越している（左）。春先に丸まっていた羽状複葉が雄花とともに開き始めた（右）。

大だけでなく、健全な遺伝子流動を図り、遺伝的な多様性を維持する上でも重要な手段なのである。サワグルミにとって川はかけがえのない守り神なのである。

幅広い川の中州でも

田代川は江合川《えあいがわ》という幅広い一級河川に流れ込む。その広い中州では流木があちこちに見られる。倒木も多い。頻繁に洪水に見舞われているようだ。水辺にはオノエヤナギやタチヤナギ、それにシロヤナギなどが並び、水しぶきを楽しんでいる。中州の中央の少し高いところにはハルニレやサワグルミが大きく育っている（図2-8）。直径数センチの幼木も見られる。上流から流されてきたタネがここで定着したものだろう。サワグルミは上流の渓流沿いのものに比べ、随分と下のほうから太い枝が出ている。中州では木々が疎立しており下の枝まで陽光が当たるからだろう（図2-9）。

タネの通り道

水の流れに乗ってどんな種子が運ばれてくるのか、上流に向かって開口した種子トラップを田代川に仕掛けた。ハルニレやハンノキ、コマユミなど風散布や鳥散布タイプと見なされている種子が大量に流れてくる。日本の森の中には大小の渓流が網の目のように張り巡らされている。いつもはゆったりと流れる渓流も梅雨や台風、それに雪解けのときには奔流となりタネを遠くに運び、土手に押し上げていることだろう。オニグルミは沖積平野を下って海岸まで運ばれている。前著『樹は語る』で見たイヌコリヤナギや本書第4章のオノエヤナギは綿毛を使って水面に浮くだけでなく湿った砂地などにうまく辿り着いている。ヤナギ類やサワグルミだけではないだろう。川辺に棲む他の多くの木々も、水の流れをうまく利用して子供たちを親から遠くに旅立たせ、そして、最適な定着場所に導いているのかもしれない。川の流れは魚たちが行き来するだけではなく、樹々の「タネの通り道」でもあるのだ。

文化の程度

サワグルミの成長はとても速い。そのかわり材の密度が低いため柔らかく強度も低い。したがってマッチの軸や箸などの安物に用いられてきた。ハンノキやヤナギなどとともに河畔林の構成種はこれまで経済的に価値が低いものとして扱われてきた。しかし、信州伊那谷の建具職人、有賀恵一さんはサワグルミで家具を作っている。薄い色合いが優しい風合いを醸し出している。それに軽いので重宝するのだが、そのことを知る人は少ない。

渓流の奥、サワグルミはすらりと伸びる。その幹の端麗さはなかなか人が作れるものではない。森に立つ端正な姿を思い浮かべながらサワグルミの家具を撫でる。樹の命に敬意を払い、長く使える家具を作り大事に使う。そんな〝文化〟が興《おこ》ってこないものかと思う。家具を作る人も使う人も、森に入り樹々の立ち姿を眺め、その声に耳を澄ます。そうすることで初めて、頂いた命への心からの敬意が湧いてくるような気がする。

カツラ——桂

四季を彩る

春の森が美しいのは、それまでの灰色がかった裸木の群れから、さまざまな色合いが急に浮かび上がってくるからだ。ブナの薄緑、イタヤカエデの黄、コブシの白、オオヤマザクラの桃色、さまざまな色合いが競って顔を出し始める。色合いはみな控えめだが、北国の薄い青空には浮き立って見える。

ただ特別に濃い色がある。春の渓流沿いを歩いていると、ひときわ鮮やかな紅色に樹冠全体が染まった樹に出会うことがある。カツラだ。花が咲いているのだ。以前住んでいた家の前の川沿いにも大きなカツラが立っていた。靄《もや》のかかった早朝、一瞬、春の日差しを浴び紅色がさらに濃く輝く

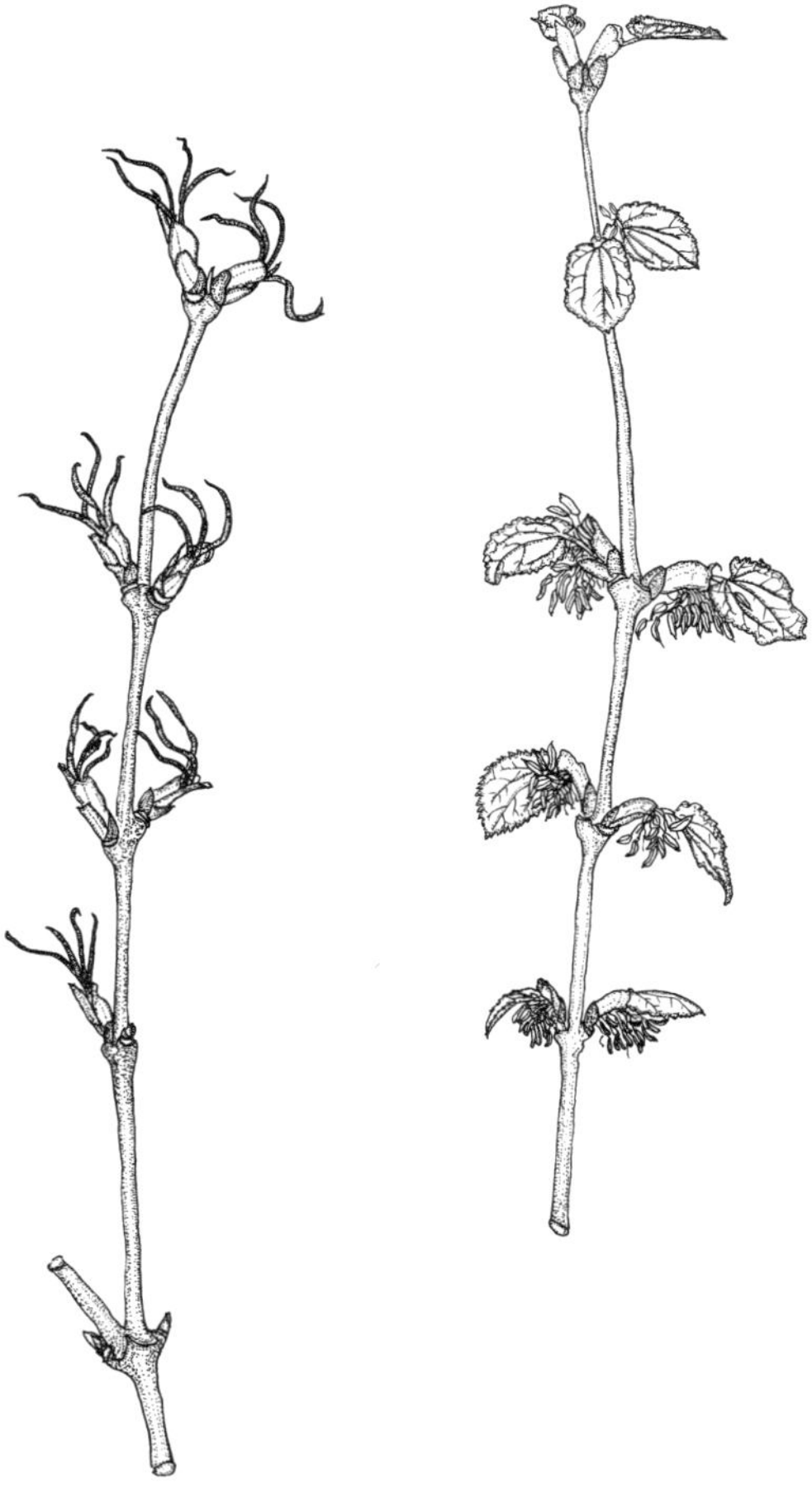

図 3-1　カツラの雌花（左）と雄花（右）
森の中で突然現れるカツラの花の紅色は鮮やかというしかない。春の森に浮き立っている。

のを見たことがある。

カツラはヤナギなどと同じ雌雄異株である。つまりオスの樹とメスの樹があり、オスは雄花をメスは雌花を咲かす（図3-1、口絵）。いずれも、とてもきれいな紅色だが、花はとても小さくどちらなのかは遠目にはわからない。

役目を終えた花が落ちだすと、葉が芽吹き始める（図3-2、口絵）。これも濃い紅色だ。葉を広げるにつれ、しだいに紅が薄くなり、葉が開ききる頃には緑色になる。ハート形のとても愛らしい葉である。秋には黄色に変わり、黄葉は甘い香りを漂わせながら落ちる。落ちた後さらに香りは濃厚になる。晩秋、カツラの木の周りでは良い香りがいつまでも漂っている（図3-3、口絵）。カツラは四季を通じて目や鼻を楽しませ、ほっとさせてくれる樹である。

渓流のお姫様

カツラの種子は硬い小さな袋、袋果《たいか》に入って成熟する（図3-4）。種子が小さいせいか発芽率はとても低い。山地に播くと発芽率は二〜四%、低い年は一〜二%ほどだ。実験室で水も光も温度も十分に与えてもあまり発芽してこない。多分、シイナが多いためだろう。カツラは渓流沿いでもあまり多く見られる樹ではない。シイナが多いのは多分、オスとメスが離れていて、風まかせの花粉

図 3-2　カツラの新葉の展開
待ち望んだ春を運んでくるような開き方だ。

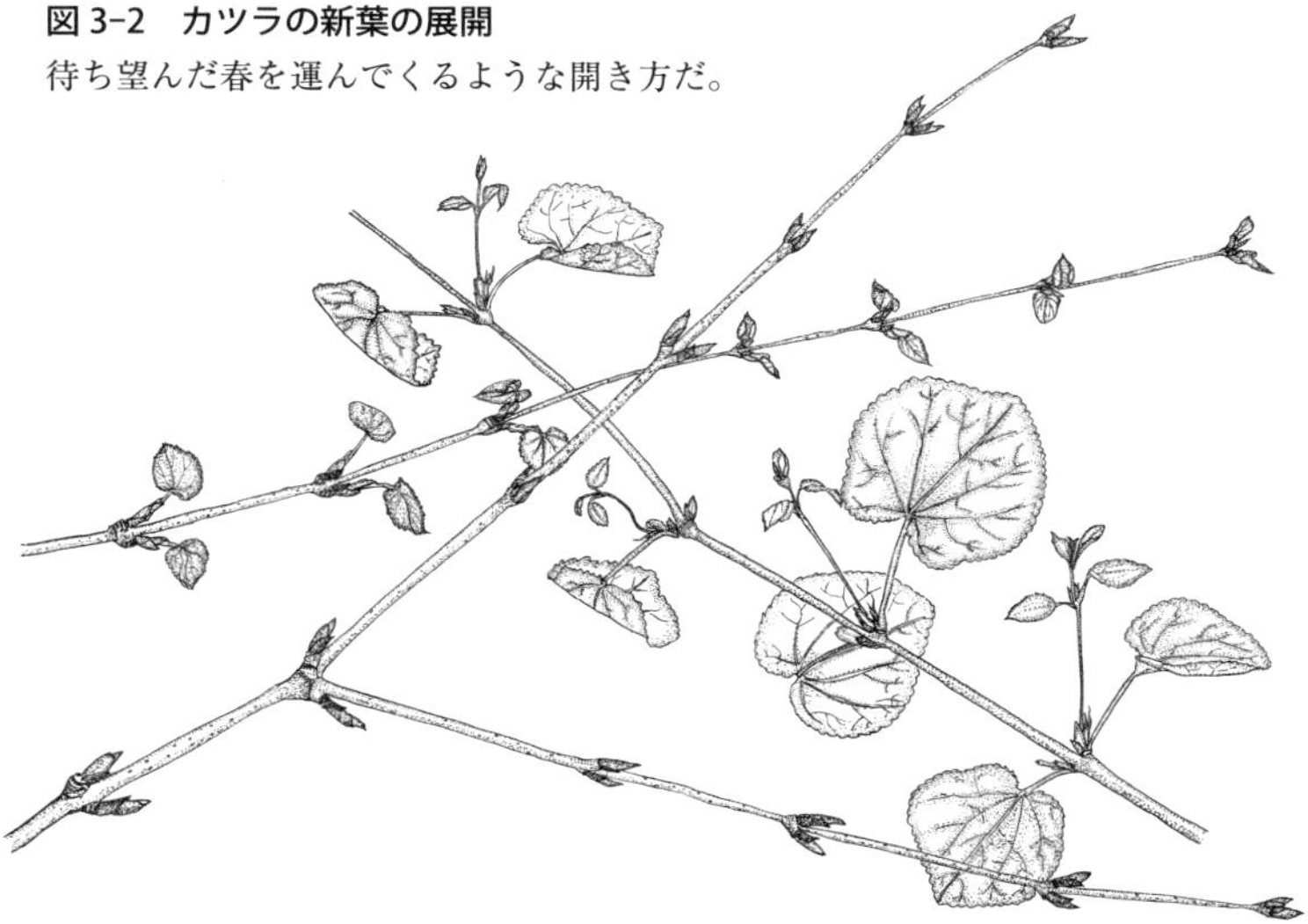

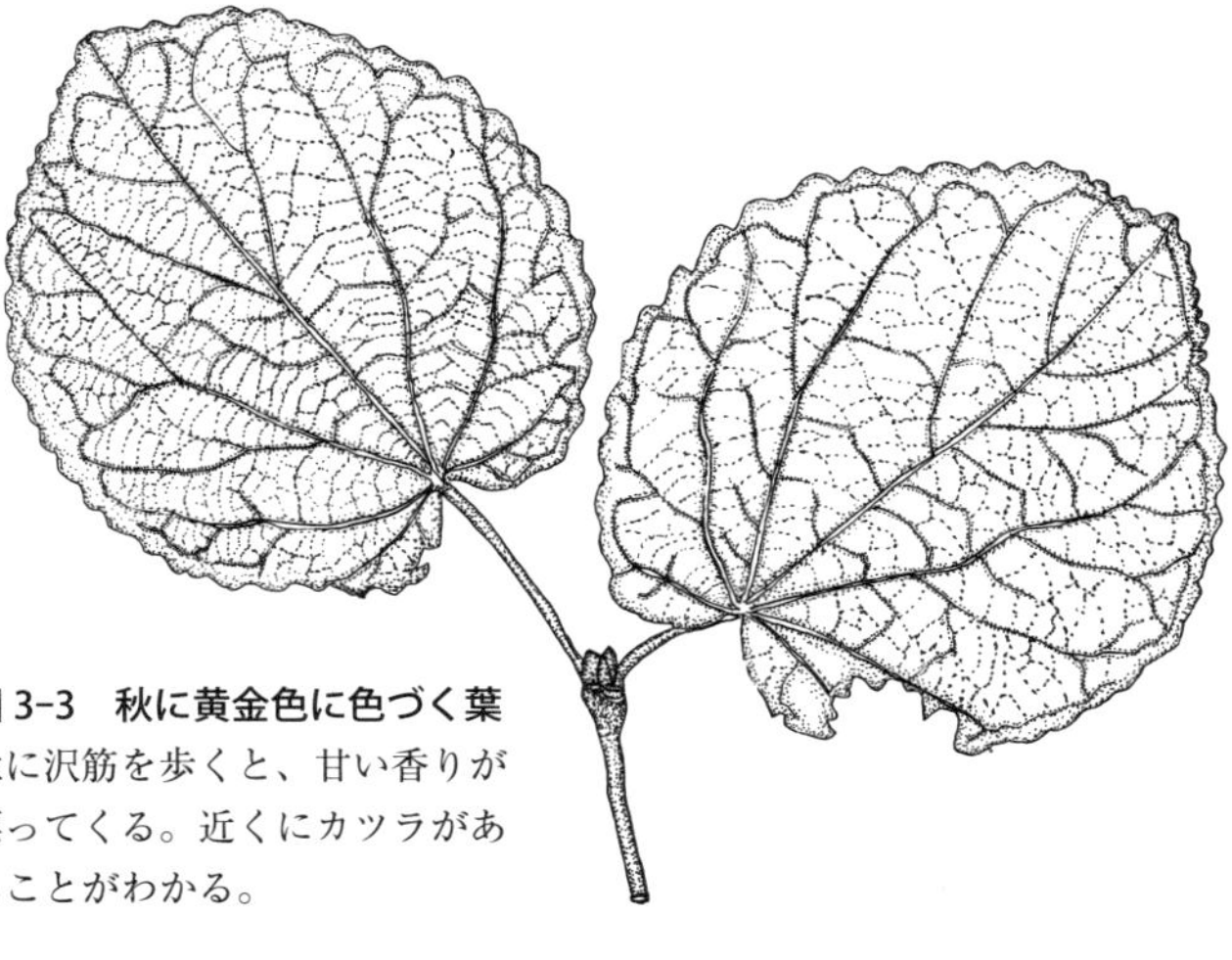

図 3-3　秋に黄金色に色づく葉
秋に沢筋を歩くと、甘い香りが漂ってくる。近くにカツラがあることがわかる。

図 3-4　カツラの袋果（左上）と種子（中）、そして瑞々しい芽生え（下）
種子はとても小さく、なかなか発芽しない。芽生えもどこに播いてもなかなか大きくならない。草やササが茂るような大きなギャップでは元気がないし、暗い森の中でもほとんど育たない。やはり、小渓流沿いの少し明るい場所が好きらしい。そんなところで見る芽生えはとても瑞々しい。そして色合いも鮮やかだ。

散布では交配のチャンスが少ないためだろう。しかし、京都大学の佐藤匠さんや井鷺裕司さんらの解析結果は、予想に反していた。カツラの花粉の散布距離は平均で一二九メートル、最大で七〇〇メートル近くもあるという。たとえ、オスとメスが少しぐらい離れていても十分に交配できる距離だ。ただ、交配が可能というだけで柱頭に十分な花粉が飛んでこないので結実率が低いのかもしれない。

カツラの種子は小さい。秋に袋果が裂開して薄い翼のある細長い種子が飛び出してくる。北海道林業試験場の先輩の水井憲雄さん（故人）は、広葉樹数十種の種子数と種子重（種子の重さ）を調べたところ、小さい種子を持つ樹は大量の種子を生産し、逆に大きな種子を持つ樹は少量の種子を生産することを見出している。小種子多産、大種子少産である。しかし、カツラは少し違うような気がする。種子が小さいわりには種子の数もそんなに多くないように思える。それに充実した種子も少ない。さらに困ったことに種子が発芽できる場所も極めて限られている。カツラの種子には貯蔵養分も少なく、実生の耐陰性も低い。たとえ林内で発芽しても長く生き延びることは不可能だ。そこで、カツラの親は明るい場所だけで発芽するような仕組みを種子に潜ませている。

「フィトクローム」というタンパク質を胚の中に仕込んでいるのである。フィトクロームは暗い林冠下では光の質を判断し発芽のスイッチをＯＦＦにする。林冠層を透過し林床に差し込む光のうち赤色光は光合成に使われるので、遠赤色光に対する赤色光の比率（赤色光／遠赤色光比）が低くなる。相対的に遠赤色光が増えると種子内のフィトクロームが種子の発芽を抑える。だから、赤色光を多く含む明るい光のもとでしか発芽しないのである（コラム4参照）。しかし、たとえ明るい場所でも落ち葉の下では発芽しない。赤色光は落ち葉を透過しないからだ。したがって、カツラは林冠木が倒れギャップができて明るい光が差し込むだけでなく、同時に洪水などで落ち葉も剥がされないと発芽できない。しかし、実験的に少し大きなギャップを作り落ち葉を剥いでタネを播いてみても、芽生えは春先の乾燥で死んでしまう。生き残っても繁茂した草本に被陰されて死んでしまう。カツラは木が一～二本倒れたような小さなギャップが好きなようだ。それもほどよく湿っている場所が好みらしい。例えて言えば、渓流沿いで大きな木が根返りして倒れ硬質土壌が剥き出しになっているようなところである。または、立ち枯れや幹折れによってできたギャップに小規模な洪水が押し寄せ、草本や落ち葉などを洗い流したような場所である。カツラの種子や芽生えにとって、森の中はなかなか生きづらく、安住の場所を見つけるのは難しいようだ。

だから、渓流沿いを歩いていて可憐な芽生えや実生を見つけたときはとても得した気になる。芽生えの主軸から伸びる葉柄《ようへい》は鮮やかな赤みを帯びて薄緑の葉と初々しいコントラストを見せている。やわらかい色合いのハート形の葉を主軸の両側に対《つい》に出しながらゆっくりと伸びていく。可憐なお姫様のような立ち姿は、奥深い渓流に瑞々しい気品を漂わせている。

数百年を生きる森の女神

子供がなかなか大きくなれない分、親が長生きしているようだ。カツラは絶えず根元から新しい幹を立ち上げている（図3-5）。一五歳ほどの稚樹でも根元から新しい萌芽枝を出していた。放っておくとすぐに株立ちになる。コナラやミズナラなどは伐採されたときだけ、傷ついた体を修復するために萌芽する。切り株の樹皮の隙間で眠っていた潜伏芽が目を覚まし萌芽枝を伸ばすのである（コナラの章、コラム6を参照）。しかし、カツラは伐られなくても萌芽してくる。形成層に新しい不定芽を作り、萌芽し続ける。ホオノキやシナノキなどと同じである。そして最初の幹である中心の幹が死んでしまう頃には、外側で後から萌芽した幹がすでに大きくなっていて置き換わる。どんどん外側に幹を作り続け、カツラは巨大な姿になる。真ん中の太い幹はボロボロになって大きな空洞となり、その周囲をこれもまた太い幹が数本取り囲んでいる（図3-6）。

歳はとっているものの、毎年春になれば赤い蕾《つぼみ》から瑞々しい若葉を茂らせ、秋には周囲一面に芳しい香りを漂わせている。

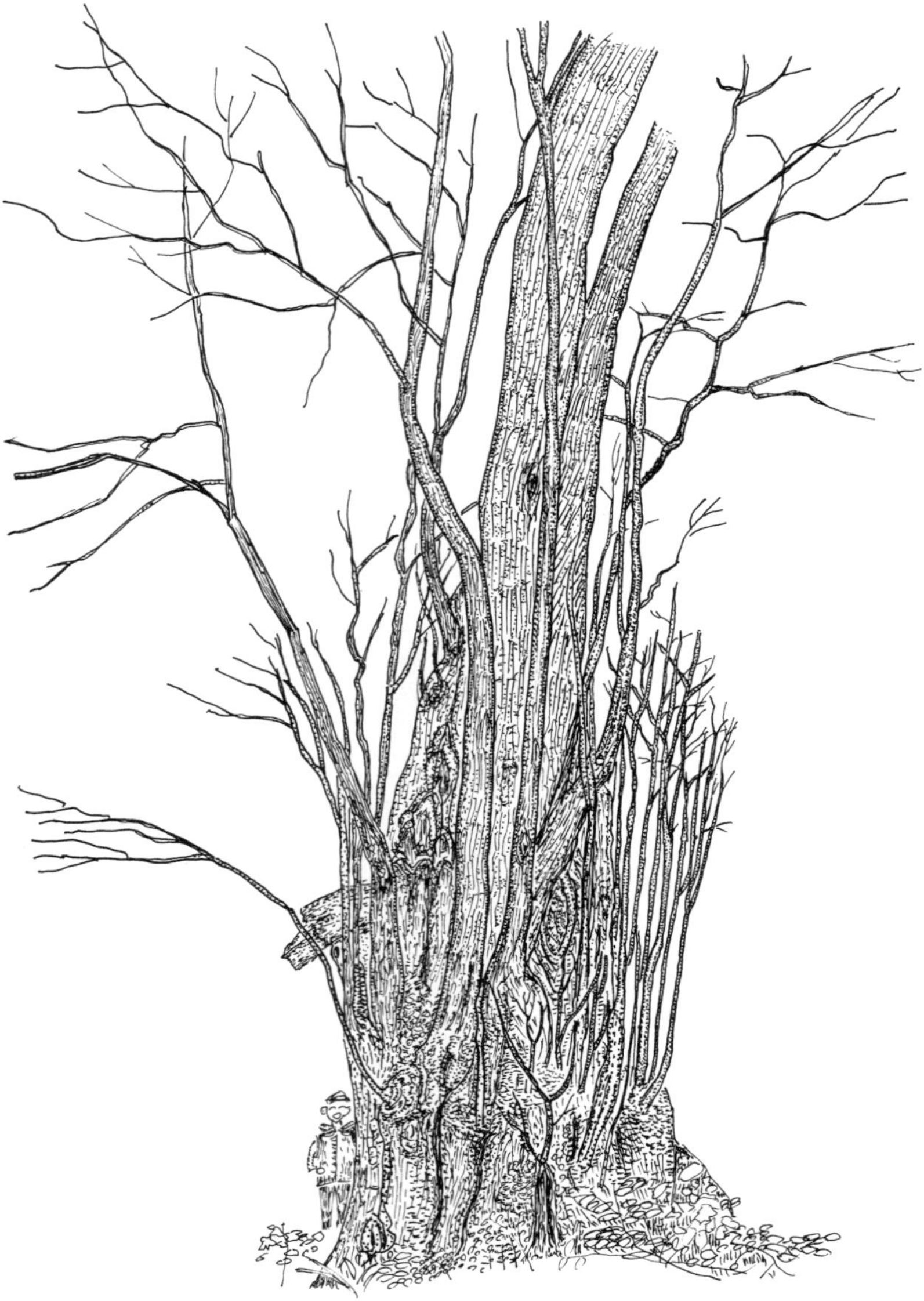

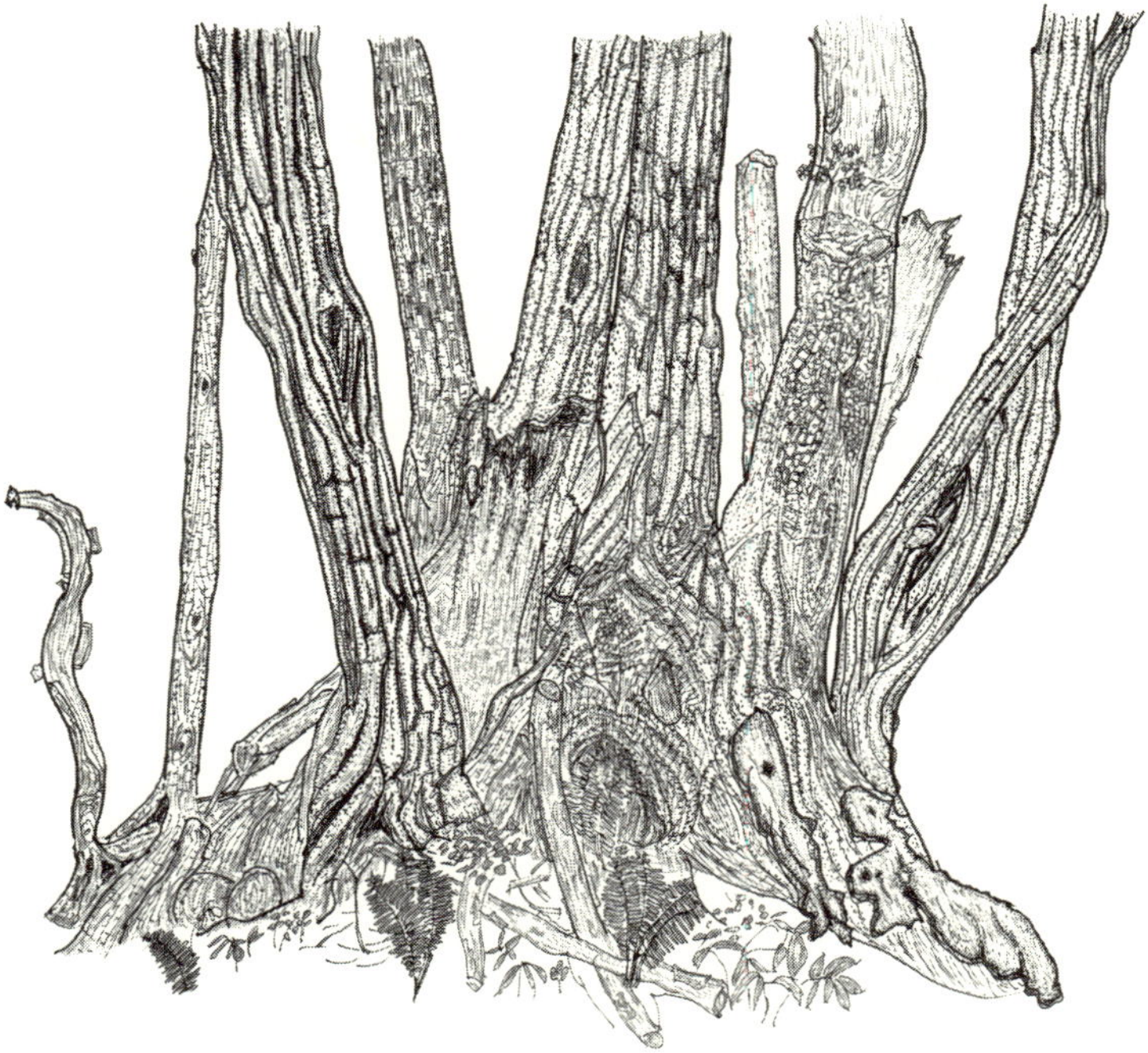

図 3-6　富良野の老巨木

北海道富良野にある東京大学の演習林でオニグルミの調査をしていたとき、朽ちかけた老巨木に出くわした。中央の幹は腐朽し中が空洞になっている。朽ち果てボロボロになり半分土に還ってしまったような幹もある。長生きしたこの老巨木には親も兄弟姉妹ももういないだろう。それでも残った幹から枝を伸ばし花を咲かせている。カツラがいつまでも優美な理由がわかるような気がする。

図 3-5　渓流沿いの大木

スギ天然林の調査に行くとき、土石流が頻発する渓流を渡る。向こう岸の一段高いところにカツラの大木が見える。ゴロゴロ転がっている大小の岩をまたいで根元まで行ってみた。随分と太い樹であるがまだ中央の幹は健在だ。それでも外側にどんどん萌芽枝を出していて、生命力がみなぎっている。堂々とした姿は気品に満ちている。

図 3-7　三輪車
カツラとミズナラとイタヤカエデの３種でできている。ミズナラとイタヤカエデはヤスリがけに苦労したが、カツラは素直だった。

三輪車

二人目の子供が生まれたときカツラで三輪車を作った。とは言っても、腰を下ろすサドルの部分だけである。力のかかる車輪と車軸、それにフレームには頑健なミズナラと堅いイタヤカエデを使った。近所の木工所からもらった木材の切れ端を糸鋸《いとのこ》で荒取りした。ノミで穴を開け、ヤスリも手でかけた。すべて手仕事だったのでしばらく指と甲の筋肉が痛かったことを覚えている。

一人目のときは四輪の車を作った。森林組合から買った薪用のカシワが太かったのでチェーンソーで切り出して作った。車輪はアサダの丸太の輪切りだ。とても重いものになった。力を入れないと動かないことが、逆に子供たちを喜ばせた。分厚い無垢材は頑健で、作って三〇年近く経ってもビクともしない。三輪車や四輪車になった樹々たちは、一〇〇年でも二〇〇年でも子供たちと一緒に遊んでくれているだろう。

オノエヤナギ —— 尾上柳

川辺で生まれ、川辺で死ぬ

ヤナギ科の樹木にはオスとメスがいる。カツラと同じ雌雄異株である。オノエヤナギはオスもメスも水の流れに近いところに棲んでいる（図4-1）。だから、オスとメスが出会うのも、花を咲かすのも、そしてタネを実らすのも川のそばである。水の音を聞きながらタネが発芽し芽生えが成長する。そしてまた、川辺で成木になる。だが、ある日突然、大洪水で根を掘り上げられ、ひっくり返って死んでいる。死ぬのも川のそばだ。それでも、オノエヤナギは安心したように死んでいく。川が子供をしっかりと育ててくれる安心感があるからだ。だからだろう、存外早く朽ちていく。オノエヤナギの短い一生を上野直人くんは博士論文にまとめた。本項では、雪解け直後から初雪が降

図 4-1　川辺で大きく成長したオノエヤナギ
江合川という大きな河川の中州で見られたメスの木。水しぶきがかかりそうな水辺で生きている。水量が少しでも増せば根元は水没するようなところだ。

図 4-2　オノエヤナギの雄花序
ヤナギ科の樹木の花は黄緑色で目立たないものが多い。しかし、しばらく見ていると、小さな花を咲かせる瞬間だけ赤やオレンジ色に変わるのがわかる。昆虫たちへのシグナルなのだろうか。

るまで毎日のように川辺を歩き観察を続けた上野くんの研究成果を中心に見ていきたい。

川辺の出会い

オノエヤナギを目指し鬼首《おにこうべ》の軍沢《いくさざわ》に向かう。秋田・山形に接する宮城県最北のブナ林から流れ出る急流である。切り立った山あいを縫って雪解け水が奔流となって溢れ出している。水しぶきが舞う沢の空気はまだ冬のように冷たい。しかし見上げると春の日差しがとても明るい。

川辺ではオノエヤナギの雌花序も雄花序も花を咲かせていた。メスもオスも遠目には目立たないがよく見るとこんなにきれいなものはない（図4-2、口絵）。雄花序を見ていると、一つひとつの雄花は上の日当たりの良い花から下へ順に咲いていく。開く前の葯《やく》は黄緑色だが開くと薄い赤に染まる。そして咲き終わると色がかすれていく。花序の中を色合いが静かに移っていく。見回すとタチヤナギやシロヤナギ、それにイヌコリヤナギも花を咲かせている。早春の川辺は、着飾ったヤナギたちのメスとオスが出会うにぎやかなお祭り広場のようだ。

初夏に満ち溢れる

しばらくして、また軍沢に向かう。大きなオノエヤナギの下には白い抜け殻のようなものがたくさん、それも無造作に落ちていた。花粉を飛ばし終えた雄花である。まだ春が来たばかりなのにオスはもう大事な役目を終えていた。しかし、メスはこれからだ。種子を大きく成熟させるという大仕事が待っている。ヤナギ類は開花してから種子を散布させるまでわずか一ヶ月しかない。周囲の山腹に見られる樹々と大違いだ。川面より少し高いところに見られるトチノキやイタヤカエデ、さらにその上の山腹に見られるブナやミズナラは皆五月に花を咲かせるが、果実が成熟するのは九月末から一〇月だ。それまでの四、五ヶ月間ゆったりと光合成をして果実を成熟させる。余裕がある。それにブナやミズナラなどは毎年堅果を実らせるわけでもない。数年に一度だけだ。したがって堅果を成熟させるまで、太い幹に数年分の養分を貯蔵できる。だからだろう。開花してもどことなく鷹揚さが漂っている。それに比べ、オノエヤナギの若いお母さんたちはかなり細身で華奢なのに毎年子供を生み続ける。それも短期間に大量の種子を成熟させなければならない。どのような工夫をしているのだろう。

雪の残る三月初めにオノエヤナギの昨年伸びた小枝（一年生枝）を見ると小さな冬芽がたくさんついている（図4-3左）。冬芽は一年生枝の基部から先端まで同じような間隔で並んでいる。真ん中あたりには花芽が数個ついていて、雪解け間もない四月中ばに開きだす（図4-3右）。オスもメスもまず花を咲かせ、追ってすぐに葉芽がほころび新しい葉が一斉に顔を出す。

一年生枝上の花芽から出た花序（果序）の数と葉芽から出た当年生枝の数を数えてみると、驚いたことにメスのほうが葉をつける当年生枝の数が圧倒的に多い（図4-4）。逆に、オスの一年生枝を見るとやたらと雄花序の数が多いわりには葉をつける当年生枝の数が少ない。その上、一つの当年生枝に展開する葉の枚数もメスのほうがオスよりも多い。つまり、メスはこれから種子を成熟させるために必要な膨大なエネルギーを、大量の葉を展開することで賄おうとしているのである。そのために、後から当年生枝同士が混み合うことなど恐れないのである。面白いことにメスの当年生枝はオスのそれよりも細く軽くできている。つまり、オノエヤナギの母親はあまりコストをかけずに膨大な葉を展開し、光合成量を増やすことによって極めて短期間に種子を成熟させているのだ。

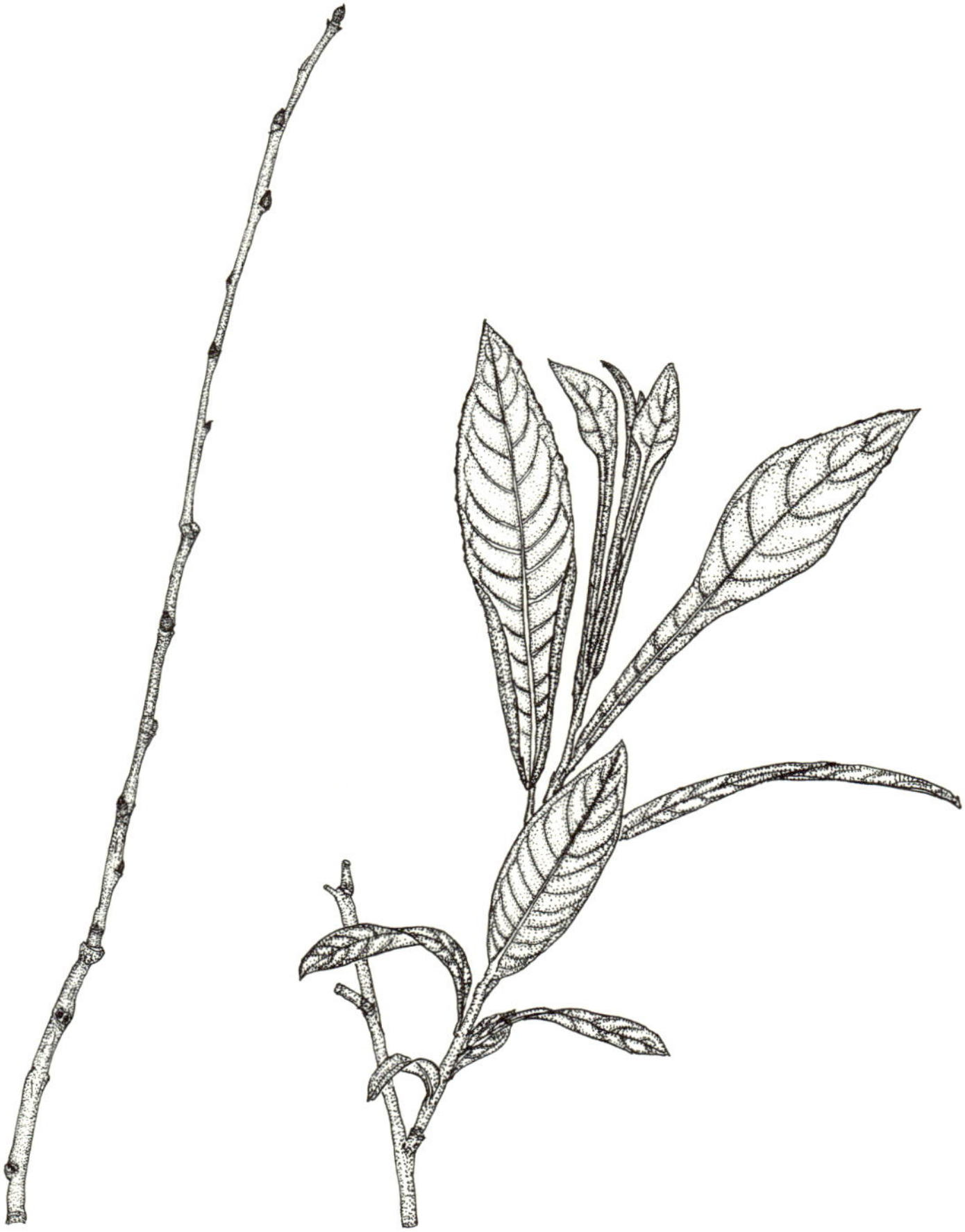

図 4-3　一年生枝に並ぶ冬芽（左）と葉の展開（右）

一年生枝には基部から先端まで同じような間隔で同じサイズの小さな冬芽が並んでいる。それらは、ほぼすべて開芽し、どんどん新しい葉を展開する。出始めの新しい葉を見ると両側が内側にくるっと巻き込まれている。オノエヤナギの特徴だ。

図 4-4　一年生枝から展開した当年生枝と果序（花序）
メスの一年生枝上には花芽のわりには葉芽が多い。したがって、果序の数に比べたくさんの当年生枝を出している。開花後すぐに種子を成熟させなければならないので、葉の量を増やしているのだ。この図は花を咲かして間もない 4 月下旬のもので、すでに果実が成熟し始めている。当年生枝上の葉の数はこれからどんどん増えていく。特に先端の当年生枝は夏頃まで新しい葉を開き続ける。

この時期のメスはエネルギーに満ち溢れている。

オノエヤナギは当年生枝を伸ばしながらたくさんの黄緑色の葉を次々と展開する。遠くから見ると、まるで薄黄緑の靄《もや》のようだ。新しい葉を開くたびに靄はだんだん濃くなり、そして、こんもりとした薄緑の塊になる。改めて見てみるとメスのほうが圧倒的に緑に溢れているように思えるのは気のせいでもないようだ。

春に伸ばした枝を夏に落とす

五月下旬、花を咲かせてから一ヶ月も過ぎずに種子が成熟する。この頃、樹冠内には葉が満ちている。たくさんの冬芽から出たたくさんの当年生枝がたくさんの葉を展開しているからだ。それから、しばらくすると樹冠の内側が少し黄色く見えるようになる。一年生枝の基部（根元）の芽から出た当年生枝はすでに伸びるのをやめ、葉が黄色に変色し始めたのである。葉緑体内の窒素を葉から回収し、さらに枝から幹に戻しているのだ。まるで、基部の当年生枝にだけ秋が来たようだ。さらにしばらくすると、それらを落とし始めた。これらの短い当年生枝は果実を成熟させるために必要なもので、役目を終えたらさっさと落下するのである。随分と短い寿命である。四月上旬に生まれて早いものは六月に入ると落ち始める。枝として生まれてわずか二ヶ月である。落ちた当年生枝は草の茎のように細い。触ってみるとあまり堅くない。木化していないのである。その後も、オノエヤナギは一年生枝の基部に近いほうの当年生枝から順に落としていく。そして一年生枝に出た当年生枝の八割をその年のうちに落としてしまう。もったいないようだが、春先の種子成熟のためにどうしても必要だったのだろう。それにしても短い寿命の枝もあるものだ（コラム1参照）。

もちろん一年生枝の先端から出た当年生枝は落とさない。さらに伸び続け新しい葉を秋になるまで出し続ける。この先端の当年生枝が伸び続けるので基部の当年生枝はしだいに樹冠の内側の暗いところに押しやられてしまう。暗くて十分に光合成ができなくなってしまうことも脱落を促している。先端の当年生枝はどんどん伸び自分の体を大きくしていく。同時に冬芽をたくさん作り、花芽と同時に葉芽も多く作り、来年の繁殖に備えるのである。このようにオノエヤナギのメスは、休むことなく忙しい日々を送っている。

初夏にはこんもりと緑の塊のように見えたオノエヤナギも秋には樹冠がスカスカになり、樹の向こう側が透けて見えてくる。多分、葉を枝から落とすのではなく、枝ごと葉を落とすからだろう。一年生枝の基部や中間から出た当年生枝はほとんど落ちている。葉も虫に食われ、変色し、一見、寂しい感じが漂う。あれほど力がみなぎっていた春に比べ、秋の終わりはかなりくたびれた感じがする。しかし、よく見ると先端の当年生枝には丸々とした花芽や葉芽が一列に並んでいる。翌春の準備が整っているのを見ると、むしろ忙しい一年を終えつつある安堵感のほうが強く感じられる。

お母さんも一休みしているのだろう。

若々しい旅立ち

五月末の暖かい日、果皮が弾ける（図4-5）。モヤモヤした綿毛に包まれた種子が飛び出してくる。風もないのにフワッと浮き上がる。不思議な光景だ。あとはどんな微風でもよい。舞い上がってどこかに飛んでいく。青空に吸い込まれていくさまはどこまでも軽やかだ。

適地を求めさまよう

ふわり、と浮いた種子は空中を漂う。白い塊のどこに浮力が発生するのだろう。ゆったりと浮くのはなぜなのだろう。ぼんやりと見ているうちにも、次々に殻から飛び出しかすかな風でも飛んでいく。しかし、風のない日もある。するとほんの少しだけ飛んで近くの水面に落下する。それでも、沈むことはない。水の上に浮いたまま流されていく。大学院生の戸沢宗孝くんが実験すると静水の上で三日間も浮いていた。水に沈むと水底で発芽し、ほどなく死んでしまう。だからオノエヤナギは種子に綿毛を持たせ長く浮くようにしたのだろう。もし、水が流れていれば水面を移動し、うま

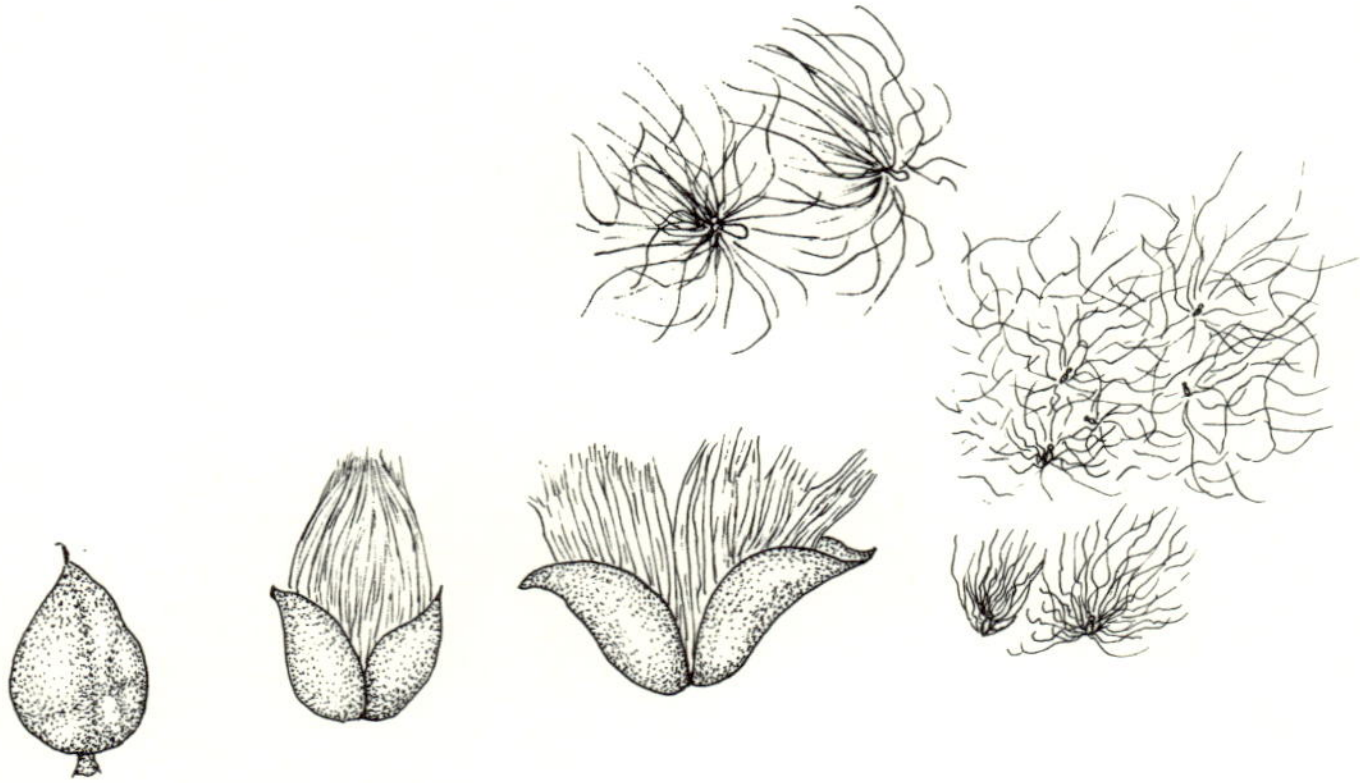

図 4-5　弾け飛ぶ種子
果序から果実を取り出し机の上に置いた。とても小さく 3mm くらいだ。しばらくすると上の部分に亀裂が入り始めた。みるみる亀裂は大きくなり、中から、ひと束の綿毛が顔を出す。すぐに綿毛が伸び始め、あっという間に、広がった綿毛に包まれた種子が飛び出してきた。

く水辺に辿り着くことができる。そして、そこが砂地や泥の堆積地であればすぐに綿毛は吸水を始め、移動を止める。水を吸い膨張した種子はすぐに発芽を始める。

風で運ばれ、広い空き地に落ちることもあるだろう。もし落下地点が乾いた土や砂の上だったら、綿毛は再び舞い上がり移動する。湿った砂礫地に出会ったときだけ綿毛は吸水し種子の移動を止める。吸水しても綿毛は種子を離さず適地に固定しているように見える。時には、綿毛を脱いだ種子がポロリと着地することもある。いずれにしても綿毛は適地を見つけるセンサーのようなものだ。

オノエヤナギのタネは吸水を始めると子葉の緑がどんどん濃くなっていく。まるで、発芽前から光合成をしているかのようだ。翌日には幼根を出し、翌々日までには子葉が開く（図4-6）。一週間もしないで本葉を出し始める。最初の本葉は小さいがしだいに大きな葉を開き、同時に上に伸びていく。同じ遷移初期種のシラカンバはオノエヤナギよりタネはかなり大きいが子葉を開いてから一ヶ月もしないと本葉は開かない。ヤナギの成長率は尋常ではない。多分、北国の高木性の広葉樹では随一だろう。それにしても、芽生えまで忙しそうにしている。

チャンスは一度

綿毛は種子を遠くに散布するだけでなく、発芽適地にしっかりと種子を係留させる役割を果たし

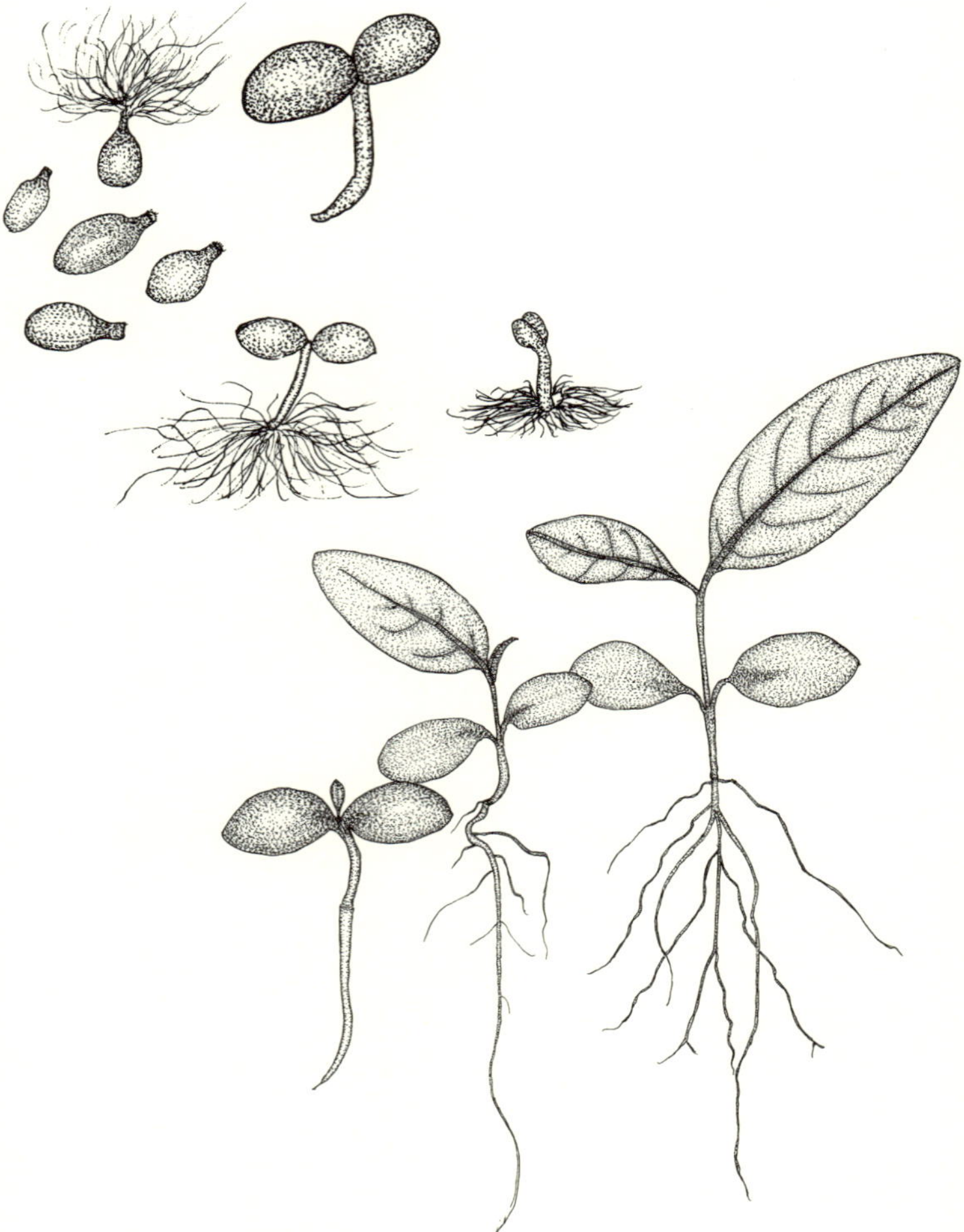

図 4-6　みるみる大きくなる芽生え

種子が小さいのに発芽後の芽生えの成長はとても速い。子葉展開後すぐに本葉を開く。次々と新しい葉を開きながら大きくなっていく。

ている。同じことが川沿いに棲むイヌコリヤナギでも見られている（『樹は語る』参照）。多分、川沿いで見られる他のヤナギ、例えば、シロヤナギ、エゾヤナギ、タチヤナギ、ネコヤナギなどの綿毛も同じ働きをするだろう。なぜ、そんなに精妙な仕掛けが発達したのだろうか。おそらく、種子の寿命が短いからだろう。わずか二週間ほどしか生きていけないので、それまでに明るい場所に確実に辿り着かなければならない。加えて、タネが極めて小さいので落ち葉が少しでも積もっていたら発芽できない。その上、発芽や芽生えの成長には十分な水分が必要だ。早く、確実に水辺の砂地に辿り着かなければならない。時間も場所もかなり限られている。チャンスは一度きりしかない。

一方、同じように明るい場所でしか定着できないカンバ類やハンノキ類の小種子も薄い翼を持っていて風に運ばれるが、翼にはあまり場所を選ぶ機能はない。たとえ暗い森の中に落ちても種子を休眠させ、木が倒れて明るくなるのを地中で何年も待つことができるからであろう。

ヤナギ類で特殊な綿毛が発達したのはヤナギならではの事情があったのである。綿毛は種子を浮かせて遠くに飛ばす。あるいは水に浮かせ、そして湿ったところでのみ発芽させる。綿毛は、川辺に棲むヤナギのお母さんが子供に付けてくれた水先案内人なのである。

メス社会

　女子の数は男子の二倍。これはヤナギの世界のことだ。春の河原に行くとヤナギ林が華やかに見えるのはじつはそのせいかもしれない。でも、どうしてメスが二倍も多いのだろうか。いくつかの可能性が考えられる。一つは、メスのほうが無性的に繁殖しやすい。つまりクローン個体を作りやすいのではないか、ということである。例えば、洪水で地面に倒された場合、メスのほうが接地した幹や枝などから根や芽を出しやすいためかもしれない。そこで、ＤＮＡによるクローン解析を行った。しかし、クローン個体はメス、オスともにほとんど見つからなかった。メスが多いのは無性繁殖のしやすさのためではなかったのである。

　ならば、メスとオスの成長率や死亡率に違いがあるからかもしれない。メスの成長のほうが旺盛ならば早く花を咲かす個体が多く、メスに偏って見えるはずである。または、オスのほうが花を咲かせる前に多くが死んでしまうためかもしれない。メスとオスの成長率や死亡率を比較すれば性比の不思議がわかるかもしれない。上野くんは早速、オノエヤナギの大群落が見られる北海道の石狩《いしかり》川《がわ》に向かった。

石狩川沿いの大河畔林

石狩川は北海道の誇る大河である。幅広い川に大量の水がゆったりと穏やかに流れている。しかし、雪解けや大雨の後には水嵩が増し、川沿いの低地に溢れ出す。だからいつも大きな氾濫原ができている。木々が流され砂や泥が堆積するとすぐにヤナギのタネが大量に飛んできておびただしい芽生えが定着する。芽生えはすくすく育ち、若木となり、あっという間に大きくなる。いつの間にか混み合ったヤナギ林ができあがる。木々は花を咲かせ、再びタネを飛ばす。しかし、ヤナギ林は二～三〇年もしないうちにまた洪水に見舞われリセットされる。ヤナギはとても短い生活環を持つ樹木なのである。

石狩川の河畔林は広く一面に緑が広がっている。しかし、オノエヤナギを探して目を凝らすと、小面積の集団がパッチワークのように分かれているのがわかる。それぞれのパッチ（小さな区画）で樹の高さが違うので判断できる。多分、洪水後に一斉に更新するので、それぞれで洪水が起きた時期が違い、樹齢が違うためだろう。そこで、上野くんは樹齢の異なる三つのオノエヤナギの集団を選んで、それぞれの集団のすべての個体を識別した。大変なのは、春早く花を見てメスかオスかを判別しなければならないことである。一個体一個体、それぞれの生長量を調べ、死んでしまった個体も記録した。性比は変化するのか、しないのか。変化するとすれば、それはなぜ起こるのだろう。北海道に三年間通い続けて謎を解いたのである。

一番若い集団は一年生ほどの背の低い個体が多く、まだ性別不明の個体が多かったが、見た目ではメスとオスの数の比率、すなわち性比は一：一であった。しかし、個体が成長するにつれ、雌花を咲かせるものが多く現れてきて性比はメスが増える方向に向かった。一方、ほぼ成熟した個体で構成されていた五年生の集団では性比は二：一でメスに偏っていた。さらに一番年をとっている成熟しきった背の高い一五年生の成木の集団も同じように性比は二：一でメスに偏っていた。この二つの成熟した集団では性比はその後三年間も変化は見られず二：一で安定していた。また、個体の成熟段階にかかわらずいずれの集団においても、オスとメスの成長速度に違いはなく、どちらかが死にやすいといったこともなかった。これは、一旦成熟してしまえば生育の途中でオスが減ったり、メスが増えたりすることはないことを示している。ということは、オノエヤナギはメスとオスの比率が生まれながらにして決められているものと考えてよいだろう。

しかし、性比がメスに偏るのには他の可能性もある。ヤナギはオスとメスの棲み場所が異なるという驚くべき報告がアメリカでなされている。もし、河畔ではメスに適した場所が広ければメスが多くなるかもしれない。上野くんの調査は終わらない。

オスとメスは棲むところが違う!?

「メスのほうがオスよりも肥沃で水分の多いところに生育するのか」。上野くんは再び鬼首の軍沢に出かけた。オノエヤナギの一本一本の雌雄を確認し生えている場所を精密に測量した。すると驚いたことにメスは川の近くの少し低いところに多く、オスは川からやや離れた少し高いところに多く生育していることがわかった。川沿いは水分も多いし土壌も肥沃である。活発に光合成をするにはもってこいだ。メスはオスより多くの当年生枝を持ちたくさんの葉をつける。高い光合成速度（単位時間あたりの光合成量）を維持するためには、さらに葉の窒素濃度を高くする必要がある。またヤナギの葉は開ききるとすぐに光合成速度が低下するので、早く新しい葉に入れ替えなくてはならない。能力の高い葉を次々と入れ替えながら高い生産力を維持するにはやはり肥沃な川沿いのほうが得策なのだろう。そうしてたくさんの種子を短期間に成熟させ、たくさんの子供たちを巣立たせているのだ。河畔には湿っていて肥沃な場所が多いので、メスはそういった場所を好んで生育し子育てをしているのだろう。

しかし、そう簡単に結論づけるわけにはいかなかった。再び石狩川沿いの河畔林で調べたところ、今度はオスとメスの空間的な棲み分けは見られなかった。水辺からの距離によってオスとメスの分布が違うことはなかったのである。本当はどちらなのだろう。多分、石狩川ではオノエヤナギが見られる段丘が川の水面からすぐに急勾配で高くなり、あとは後背地までなだらかなので、環境の差異が少なかったためだと思われる。いずれにしても、もっと調査事例を増やさないとはっきりしないようだ。

渓畔林を取り戻す

明治の昔、若い内村鑑三は石狩川を船で遡った。源頭域の調査のためだ。ヤナギ林の後ろには原生林が広がっていた。原始の森を見たときの感動を晩年に熱く語っている。それからおよそ一三〇年。今では原始の森は伐り払われたが、河畔のヤナギ林は残った。六〜七世代は交代しただろうが、多分、内村が見たものと同じ姿を我々は見ることができる。しかし、日本のほとんどの河川では事情が異なる。

昭和三〇年代、小さな田んぼを縫うように流れる小川で遊んだ。ヤナギで木刀を作り、岩穴に隠れたナマズを手掴みにした。しかし、中学に入る頃、子供たちの遊び場は突然コンクリートで固められた。まっすぐな、そして危険な水路になった。同じ頃、山地の渓流沿いでも似たようなことが起きていた。渓畔の広葉樹は皆伐され、湿って肥沃なところが好きなスギが植えられた。しだいにスギの植林地は山腹を駆け上り、高標高地帯まで青黒い色に染めていった。当時、それまでのどかに暮らしていた樹木たちは驚いたに違いない。チェーンソーを持った人間たちが大挙して押し寄せてきたのである。一山も二山も禿山《はげやま》にされた。樹々は両親や兄弟だけでなく祖父母も子も孫も根こそぎ持っていかれたのである。しかし、現在、日本の林業・森林管理も遅ればせながら変わりつつある。その変化を目の当たりにしたのは突然だった。

それは秋田の渓流沿いに植えられたスギ人工林の脇でのことであった。森林管理局の係官が施業の方針を説明し始めた。「渓畔沿いの林は天然林であればそのまま残し、スギ人工林に変えたところはスギを抜き切りしながら、いずれ渓畔林を再生させる」。一瞬、耳を疑った。あまりにも隔世の感があったのである。数十年前、天然林を皆伐し、スギの単純林造成に猛進していた国有林を知る者として、まさか、このような反省がなされていたとは、想像さえできなかった。

近年、渓畔林には大事な機能があることがわかってきた。水を遊ばせて洪水などを抑制するのみならず地下部の根が窒素やリンなどの栄養塩を吸収し水をきれいにすることが知られている。魚たちにとっては木々から落ちてくるクモや昆虫が餌となる。さらに日陰を作り、サケの仲間には産卵場所を提供している。水中に落ちた葉は水生昆虫の餌となり、それを再び魚たちが食べる。サケが海から遡り渓畔で死ぬときには森にリンや窒素などの栄養塩が供給される。河川は水系と陸上の生態系をつなぐ大動脈であり、渓畔林はそれらをつなぐ大事な役割を果たしているのだ。

係官の声を聞いていたのは我々だけではなかった。頭上のサワグルミやカツラ、ヤナギたちも聞いていたに違いない。人間の理解が少しだけ進んだことを喜んでいるようだった。

Column 1

枝の寿命――さっさと落とすか、長く持ち続けるか

自発的に落とす枝

台風の後に森の中を歩くと小枝がたくさん落ちている。二の腕ほどの太い枝も転がっている。強風で無理やり折られたのだろう。中が腐ってスカスカしているものは腐朽菌で枯れ、強い風に揺られて落ちたのだろう。しかし、枝が落ちるのは強風や病虫害に蝕《むしば》まれたからだけではない。枝には枝の寿命があり、「時期が来たので樹々が自発的に落とした」ものがほとんどなのだ。

春に新しく出た枝に印をつけて、足しげく通っていつ落とすのかを観察してみると、せっかく出した枝の大半を夏から秋にかけて「自然に」落としてしまう樹もある。葉のように冬も越さない。逆に、作った枝は三年以上経ってもほとんど落とさない、そういう樹もいる。しかし、樹々は枝の寿命をどのように制御しているのだろう。その背後に隠されたメカニズムを探ることにした。

葉と同じメカニズム

そのヒントは菊沢喜八郎さん（元京都大学）の葉の寿命に関する研究にあった。それまで、落葉広葉樹の葉は春に出し秋に落とすもの、と思われていた。菊沢さんはハンノキの葉一枚一枚を識別して毎週のように観察を

続けたところ、ハンノキは春から夏にかけて次々と葉を開き続けるが、春早くに出した葉は夏には落としてしまうことを見出した。さらに夏頃に出した葉は秋遅くに落葉するのである。つまり、ハンノキを遠目に見れば春から秋まで葉が茂っているように見える。しかし、出しては落とし、出しては落としで、都合、葉は二回転していることを見出したのである。見かけ上、葉がついている期間（春から秋）の半分しか葉の寿命はなかったのである。

その後、いろいろな樹種で調べてみると、明るい攪乱跡地を好むヤマハンノキや水辺を好むヤナギなどの遷移初期種では春から夏にかけて次々と開葉し続け、同時に夏頃から落葉し続けることが明らかになった。したがって葉の寿命は短く、回転率は高い。一方、成熟した森の中で更新するブナやイタヤカエデなどの遷移後期種は春にたくさんの葉を一斉に開き、秋に一斉に落とす。つまり、暗いところで更新する遷移後期種のほうが葉の寿命が長い。

こうしてみると、樹木の葉の寿命は生育場所（ハビタット）の光や水分などの資源の量に左右されるようだ。つまり、光の溢れる大きなギャップや川沿いの洪水跡地などで更新する遷移初期種は光合成速度の高い葉を次々と展開するが、光合成速度の低下率も大きく、早めに葉を入れ替えたほうが全体の光合成生産は増えるのでどんどん葉を入れ替えるようになったのである。このような葉の生態は枝の振る舞いにも大きく影響するだろう。

なぜならば、落葉広葉樹のすべての葉は当年生枝の上に並ぶからである。もちろん、当年生枝は一年生の枝に配置されるので、当年生枝がどの位置で伸びてどの位置で落ちるのかは樹木全体の枝ぶりを決め、全体の光合成を大きく支配する。したがって、当年生枝の配置や寿命を調べることは、樹木全体がどのような樹冠を作り光合成効率を高めるためにどう振る舞っているかを知ることにつながる。多分、当年生枝は葉と樹木全体をつなぐ調整役を果たしているのだろう。もしそうならば、当年生枝の寿命も樹木の棲む光環境や土壌の肥沃さや水分量などの生育場所の環境と密接に関係するだろう。

一つひとつの枝の寿命を追う

そこで、前年に伸ばした枝（一年生枝）から出てきた当年生枝の寿命を調べることにした。一年生枝に配置された一個一個の冬芽から、どのくらいの長さの当年生枝を出すのか、それぞれどれくらい伸びるのか、そしてそれぞれの当年生枝はいつ落下するのか、最初の年は毎週のように調べた。翌年、翌々年はだんだん間隔を開けながら調査を続けた。調べたのはヤナギ科の樹木八種、カバノキ科四種、それにブナ科の四種である。

予想通りであった。生育場所の資源（光環境、土壌の水分や栄養分）が豊かなところに生育する樹種ほど当年生枝の寿命が短いといった傾向が見えてきた。

川のヤナギと山のヤナギ

最初の年にはっきりした傾向が見えてきたのはヤナギ科の樹々であった。特に、川のそばで生育するオノエヤナギ、シロヤナギ、エゾヤナギは枝の寿命が短かった。一年生枝に等間隔できれいに並んだ一〇～二〇個の冬芽が一斉にほころびると、それぞれから小さな当年生枝が伸びだす。当年生枝には大量の小さな葉が並ぶので、一年生枝全体では大量の葉を展開することができる。そうすることで繁殖期に光合成能力を最大限に高め、種子を成熟させることができるのだ。

これは光も水も土壌の栄養塩も潤沢な川沿いに棲むヤナギたちの繁殖を成功に導く最良の手段であることは間違いない。川辺に棲むヤナギの寿命は短い。いつ河川の氾濫で押し流されるかわからない。だからかなり若いときから繁殖を始める。短い一生のなかで、早く確実に繁殖を成功させることが重要なのである。そのために春先にこれ以上ないほどに大量の葉を並べ立てるのである。

次々と新しい葉を出しながら当年生枝は伸びていく。特に一年生枝の先端の当年生枝の伸びが良い。すると、しだいに下（基部）の当年生枝は混み合ってきて被陰され始める。光合成の効率が悪くなってきた当年生枝にはもう用はない。さっさと基部の枝を落とすのである。それも、オノエヤナギで見たようにメスのほうが大量に出し、大量に落とすのである。夏からどんどん落としていき、秋の終わりには全体の八〇％も落とす。その翌年には九〇％、そして翌々年にはほぼすべて落としてしまった。

この調査は手の届く範囲の枝で行っているのですべて落としてしまったが、もちろん樹の頂端の枝では最低限一本程度は残している。そうしないと冬芽が作れないので翌年生きていけない。川辺に棲むヤナギは豊富な資源を十二分に使い切れるようにたくさんの当年生枝を展開し、繁殖時の光合成生産を最大化させている。そうすることによって、たくさんの子供たちを世に送り出しているのである。

一方、山に棲むドロノキとキツネヤナギは出した枝は長持ちさせ、大事にしている。キツネヤナギは半分の当年生枝を秋までに落とすが、三年目の秋でも二〇％ほどは残している。ドロノキは八割の当年生枝を残していた。なぜ、山に棲むヤナギ類は枝の寿命が長いのだろうか。山地は川辺より土壌が乾燥し、そして痩せている。少ない資源で作った枝なので、それらを長く使わないと元が取れないからであろう。せっかく作った枝をどんどん使い捨てにしてしまえるような余裕がある環境ではないのだ。だから山のヤナギは枝を大事に長く使う。

それだけではない。一度出した当年生枝を長く使えるような枝の配置も考えている。特にドロノキは一年生枝の先端に大きい冬芽をたくさん作り、基部の冬芽は小さく少ない。だから先端では長い当年生枝が伸び、基部には短い当年生枝が見られるだけだ。したがって、先端の当年生枝が伸びても基部の当年生枝同士は混み合うこともないので、落とす当年生枝の数は少ない。同じヤナギ科の樹木でも、肥沃で湿潤な沢筋では枝をどんどん入れ替え、乾燥して痩せた山地では枝を大事に使う。生活場所の資源に応じた最適な枝の寿命を持つことによって、それぞれ最大限の光合成をしているのである。

カバノキ科とブナ科の樹木たち

カバノキ科でもブナ科でも同様だ。光の豊富な場所で更新する、いわゆる遷移初期種ほど、暗い森でも更新する遷移後期種より当年生枝の寿命が短い傾向が見られた。カバノキ科では、ヤマハンノキはその年のうちに二割の当年生枝を落とし、翌年の秋までには四割落とし、三年目の秋までには七割を落下させた。一方、暗い森の中でも更新する遷移後期種であるサワシバは、三年目の秋までに二割しか落とさない。ギャップで更新するミズメはその中間である。また、同じブナ科でも明るいところを好む遷移初期種のクリやコナラでは出した当年生枝の五、六割を三年目までに落としてしまう。一方、森の中でも更新する遷移後期種のブナは三年間ほとんど枝を落とさなかった。中間的なミズナラは七割は残していた。

ハビタットの資源量と枝の寿命

一般に明るいところで更新する遷移初期種ほど基部にも長い当年生枝を作り、まずは光を少しでも多く利用しようとしている傾向が見られる（図コラム1）。その後、互いに混み合い自己被陰して基部の当年生枝から早く落下させてしまうのである。枝を落としてまでも、やはり潤沢な光を利用したほうがトータルな光合成量は多いのだろう。一方の遷移後期種では先端に大きな当年生枝を作り自己被陰しないようにしている。暗い光環境で、少しでも当年生枝を長く持たせ、元を取ろうとしているのだろう。

やはり生育場所の資源量に合わせて資源獲得の仕組みが異なり、それが当年生枝の寿命に反映されているのである。これは、ヤナギ科、カバノキ科、ブナ科といった同じ科の近

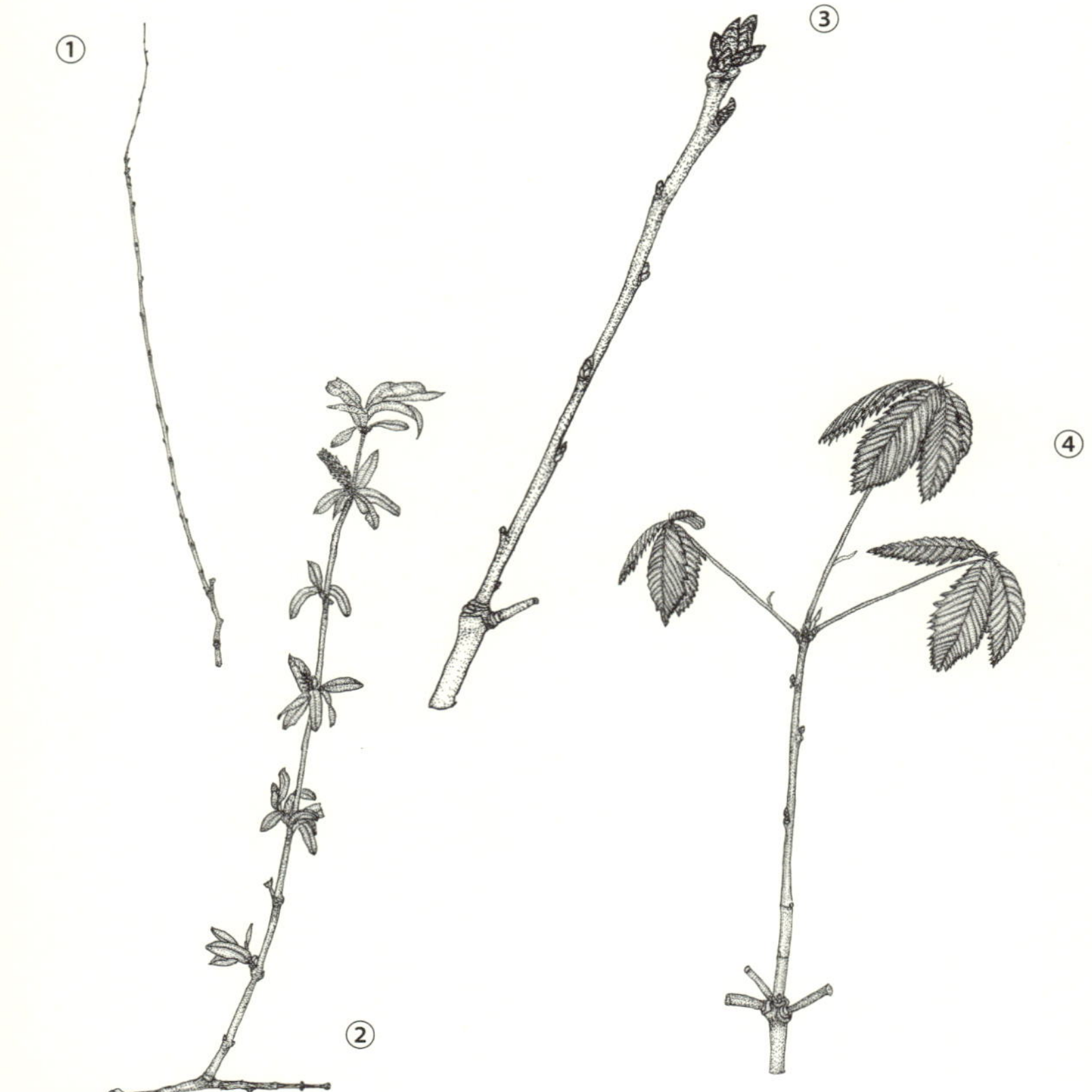
①
②
③
④

縁種同士を比べても、あるいは系統関係を無視しても、同じ傾向を示したのである。かなり一般性のある傾向なのだろう。

最後に、樹木の葉の寿命と当年生枝の寿命の関係を見ると予想通り、きれいな正の相関が見られた。すなわち、葉の寿命が短いものほど当年生枝の寿命も短いのである。太陽光を受け取るのは葉であるがそれを支えるのは当年生枝である。当年生枝も葉も大車輪で回転させながら生きている樹木もあれば、ゆったりと寿命の長い葉をこれまた寿命の長い当年生枝につけてゆっくりと光合成をする樹木もあるのである。

樹々にはそれぞれ好きな生育場所（ハビタット）がある。それぞれ、光環境も異なり水分や土壌養分なども異なる。自分の好きな場所で最も効率的に光を獲得できるように当年

図コラム1　一年生枝上の冬芽と当年生枝の出現

遷移初期種のイヌコリヤナギは一年生枝上に小さな冬芽を均等に並べ、そのほぼすべての冬芽が開き当年生枝が出現する（①②）。しだいに基部が混み合い基部のほうから当年生枝を落とし秋には先端の半分しか残らず、3年目には2割しか残らない。枝の寿命が短い。

一方、遷移後期種のミズナラは一年生枝の先端の大きな冬芽から当年生枝を出す（③④）。互いに被陰しないように角度をつけて出現した当年生枝のほとんどは秋まで落下しない。3年目にも7割を残す。枝の寿命が長い樹だ。2種とも春先に当年生枝を出し始めたときに描いたものである。

生枝を配置している。つまり、当年生枝の上に配置された葉がそれぞれの場所の資源を最大限活用して光合成ができるようにしているのである。役目を終え、葉は毎年入れ替わる。そして、葉をつける枝もまた時が来ると落下していくのである。

第2章 老熟した森で暮らす

夏の暑い日、老熟林に足を踏み入れる。見上げるとブナやハリギリ、イタヤカエデ、ケヤキがそびえている。三〇メートル近い樹冠が天井の高い空間を作っている。その下には、ハクウンボクやコシアブラ、ヤマモミジ、コハウチワカエデが樹冠を横に薄く広げている。蒸し暑さはどこに行ったのだろう。涼しい森の中でしゃがみこんで、実生の調査を始める。落ち葉の底から土壌微生物の吐き出す独特の匂いが漂ってくる。チラチラした木漏れ日にも慣れ、目を開き小さな芽生えを探す。ブナやイタヤカエデの芽生え一個一個に旗を立てて個体識別し、毎週のように通い観察を続ける。

芽生えは病気になったり虫やネズミに食べられたりして、だいたいは一〜二年のうちに消えてしまう。しかし、ほんの少しだけ生き残り、少しずつ大きくなる。だが、そのまま林冠まで育っていくことは難しい。成長を休止したり、樹冠の形を変えたりしながら、数十センチから一〜二メートルくらいの高さで一旦立ち止まる。数メートルまで育つものもあるが、ほとんどは明るい林冠の隙間（ギャップ）が近くでできるのを気長に待っている。どれくらいの期間、森の中で待機すればいいのかは誰にもわからない。やがて近くで木が枯れたり倒れたりしてできた明るいギャップを目指して稚樹は伸びていく。少し大きなギャップであれば一気に林冠に到達できるだろう。小さなギャップを何回も経験してやっと到達できるものもあるだろう。そして、明るい林冠に達したものは花を咲かせ花粉を受け取り、種子を散布する。数十年、時に数百年、花を咲かせ種子を散布し続け、老熟した森で一生を終える。そして次世代もまたこの森で生を全うするのである。

このように閉鎖した暗い森の中でも世代更新する樹種を「陰樹」、あるいは植生遷移の後期に更新する樹木ということで「遷移後期種」と呼んでいる。また、その気候帯の極相林を構成する樹種「極相種」とも呼ばれている。ここでは、日本を代表する落葉広葉樹であるブナの声に耳を傾けてみよう。そしてもう一種、チマキザサを紹介したい。日本中の山の中で見られ、林業や登山をする人にはとても厄介な矮性《わいせい》の竹である。あまり知られていないササの不思議な生き様をのぞいてみよう。

ブナ ―― 山毛欅

長い冬の終わり

　また春が来た。ブナ林に向かう。車で一時間、徒歩で一時間。残雪を越えて栗駒山《くりこまやま》の老熟林に立つ。固く締まった雪の上にはブナの種子の破片や殻斗《かくと》が散乱している。樹皮も剝がれ落ち、小枝もたくさん散らばっている。きれいだった雪が薄黒く汚れて見える。ブナの根元では雪解けが進み、幹の周りだけ丸く地面が露出している。そこから、もうもうと湯気が立ち上っている。その先を見上げると柔らかそうなブナの葉が芽吹き始めている。水色の空を背景に灰色の森は見違えるような淡黄緑色に変わり始めた。ブナは雪国の人たちに長い冬が終わったことを告げている。

　遠くから見るとのどかなブナも近くに寄ってまじまじと見ると、とても忙しそうにしている。葉

図 5-1　ブナの一斉開葉

ブナは一斉に葉を開く。絵を描くのが追いつかないくらいに速く葉を開いてしまう。遷移の進んだ混み合った広葉樹林でなるべく素早く空間を占拠するためだ。光を受ける態勢を他の樹種より早く整えようとしているのだろう。

の開き方がとても速いのだ。きつく締まった芽鱗がほころび始めたかと思うと、数日後には黄緑色の淡い新葉が顔をのぞかせている。一旦、最初の葉が開き始めると次から次へと新しい葉が顔を出す。とても急いでいるように見える。わずか一〇日ほどで五～六枚の葉を開ききってしまう（図5-1）。一斉に葉を開くので菊沢喜八郎さんは「一斉開葉型」と呼んでいる。トチノキやヤマモミジなど成熟した森の中で更新する遷移後期種に見られる開葉の仕方で、落葉広葉樹の葉の開き方の一つの典型である。

秋に準備する

ブナが一斉開葉できるのは、秋のうちからすでに幼い葉（幼葉）を準備しているからだ。頑丈なブナの冬芽を剝がしてみよう。焦げ茶色の分厚い芽鱗が幾重にも覆っているが、その中には大きく発達した幼葉が見える（図5-2）。前年に蓄えた養分を使ってあっという間に一年分の葉を開ききるのである。のんびりしているようでブナは準備万端、用意周到なのである。対極にあるのが明るい空き地で新しい葉を次々と展開していく「順次開葉型」のシラカンバである。冬芽の中には春先に開く二枚の春葉だけ準備している。春葉を開きその光合成で新しい葉を作るのである（『樹は語る』参照）。その後も順次新しい葉を展開していく。自転車操業だ。小池孝良さん（元北海道大学

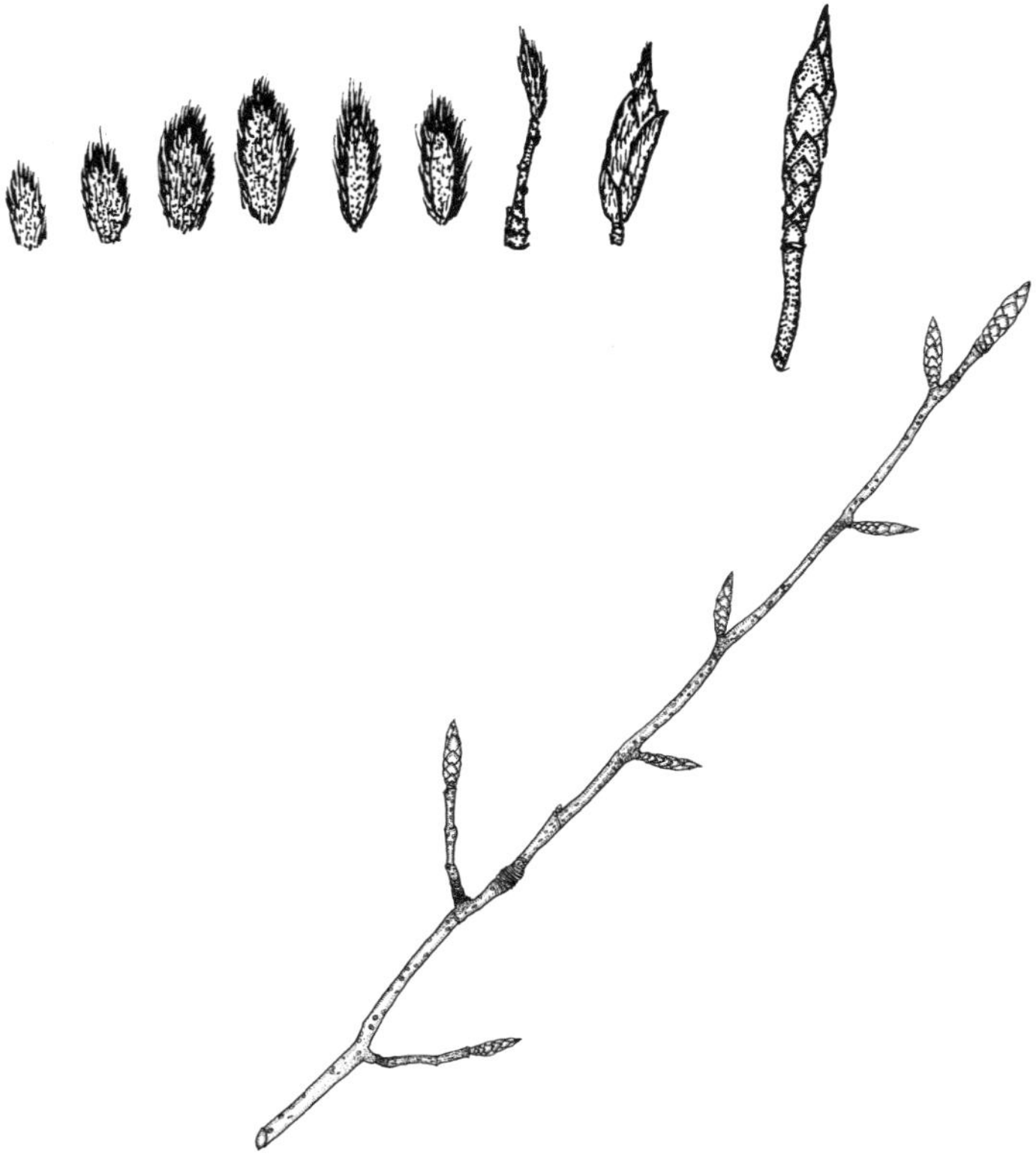

図 5-2　ブナの冬芽と中の幼葉
雪国の樹らしく丈夫な芽鱗に覆われている。ブナの冬芽を解体すると厚い芽鱗（最右）の中から数枚の大きな幼葉が揃って出てくる（右から 2 番目）。1 枚ずつ外すと 7 枚の幼葉が出てきた（左から右に向けて順に外側から内側の葉を示す）。

が若い頃に見出し、何遍も説明してくれた。面白かったのでよく覚えている。

豊作と凶作――種子を食い尽くされないために

ブナの森に大豊作が訪れる。不定期に数年に一度だけ訪れる。それは見事なものだ。ブナの樹冠を見上げると殻斗に覆われた果実（堅果）がたくさん枝についている（図5-3）。しばらくすると、地面にびっしりとブナの果実が散乱している。翌年、そこは芽生えだらけで足の踏み場もなくなることがある。その次の年は、堅果がそこそこ実ることもあるが豊作になることは少ない。ほとんど堅果が実らない不作年だったり、一つも実らない凶作の場合が多い。ブナは凶作や不作、並作を続け、その合間に豊作を挟むといった、断続的なパターンを繰り返している。これを結実の豊凶と呼んでおり、多くの樹木がこのような周期性を持っている。しかし、なぜ豊凶が起きるのか。その要因を探るにはとても長い年月にわたる調査が必要だ。ここでは、二〇年以上もブナ林に通い続け豊凶メカニズムを明らかにした北海道林業試験場の寺澤和彦さん（現東京農業大学）たちの研究を紹介しよう。地道にリレーをつないで得られた膨大なデータに基づいた森林生態学の見本のような研究である。

北海道の渡島《おしま》半島にはブナ林が広がっている。イタリアのような形をした半島だが結構広い。そ

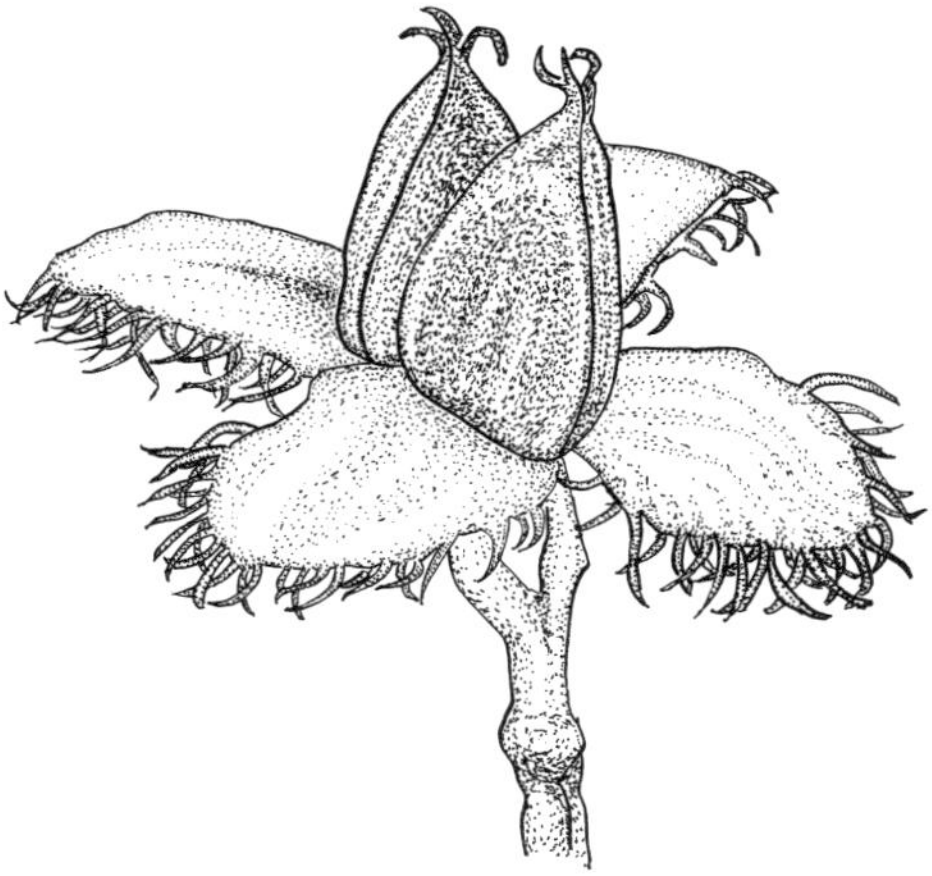

図 5-3　ブナの堅果

3つの平たい三角形が合体したようなとがった立体形をしている。果皮を剝くと白く分厚い子葉が2つ。これは人が食べてもおいしいものである。

の全域をカバーするように種子トラップを仕掛けた。ブナの豊凶がどれくらいの広さで同調するのかを明らかにするためだ。半島南端の恵山《えさん》から上《かみ》ノ国《くに》、北《きた》檜山《ひやま》（せたな町）、乙部《おとべ》、そしてブナ北限の黒松内町《くろまつないちょう》まで、二〇〇キロも離れた広い範囲の五ヶ所にそれぞれ数個ずつ種子トラップを置いた。雪解け直後に仕掛け、それから一〇月まで毎月、中の堅果を回収した。開花直後から堅果の成熟まで、いつ、何が堅果の成熟を妨げているのかを探ろうというものである。ヒグマの臭いのする奥地林での回収作業の連続は大変な労力だ。一九九〇年に始まった調査は後輩たちに引き継がれ、労が報われるように画期的なことが次々と明らかになった。

ブナは渡島半島全域で同調して、豊作と凶作を繰り返していた。随分と広い範囲で同じ振る舞いをするものだ。不作年には堅果に穴が空いたものが多い（図5－4）。中を調べるとブナヒメシンクイという蛾《が》の幼虫が入っていた。堅果の中に潜り込んで子葉や胚を食い尽くしていたのである。特に凶作年にはほとんどすべての堅果を食い尽くしていた。ブナのお母さんにとっては虫唾が走るほど不快な虫である。しかし、たまにある豊作年には健全な堅果が多い。つまり、堅果を大量に作ることによってブナヒメシンクイに食い尽くされないようにしているのだろう。これは予測通りのことだった。しかし、さらに長く調べていると不思議な現象が見られた。豊作の年でもほとんどのタネが食われる年が出てきたのである。なぜだろう。寺澤さんたちはデータとにらめっこするうちにあることに気づいた。たとえ豊作年でも、前年も豊作だと食害率が高いのだ。つまりブナの豊作が続いてもブナヒメシンクイは減らない。ブナの堅果は豊作でも食害されるのである。

そこで考えた。前年が凶作であればブナヒメシンクイが減っているので、凶作年の次の年が豊作年であれば食害されないだろう。そこで前年の堅果に対して今年の堅果の数がどれだけ増えているのか、その比率を計算してみた。するとこの比率が低いほど、つまり前年に比べ今年の堅果数が多ければ多いほど食害率が低くなったのである。ブナは凶作年に捕食者の数を減らし、その翌年に豊作にすることによって、数の減った捕食者が堅果を食べ尽くすことがないようにしているのである。それも、広い範囲のブナ林で多数のブナが同調して行うことによって子供を次世代に残しているの

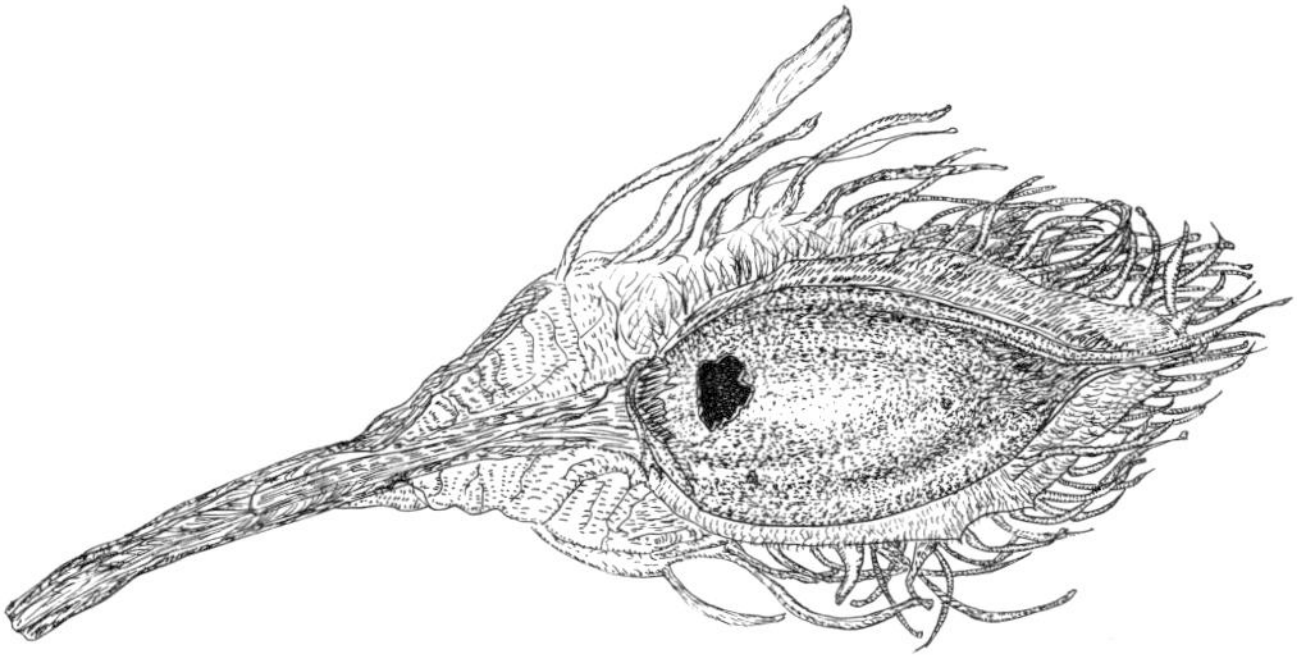

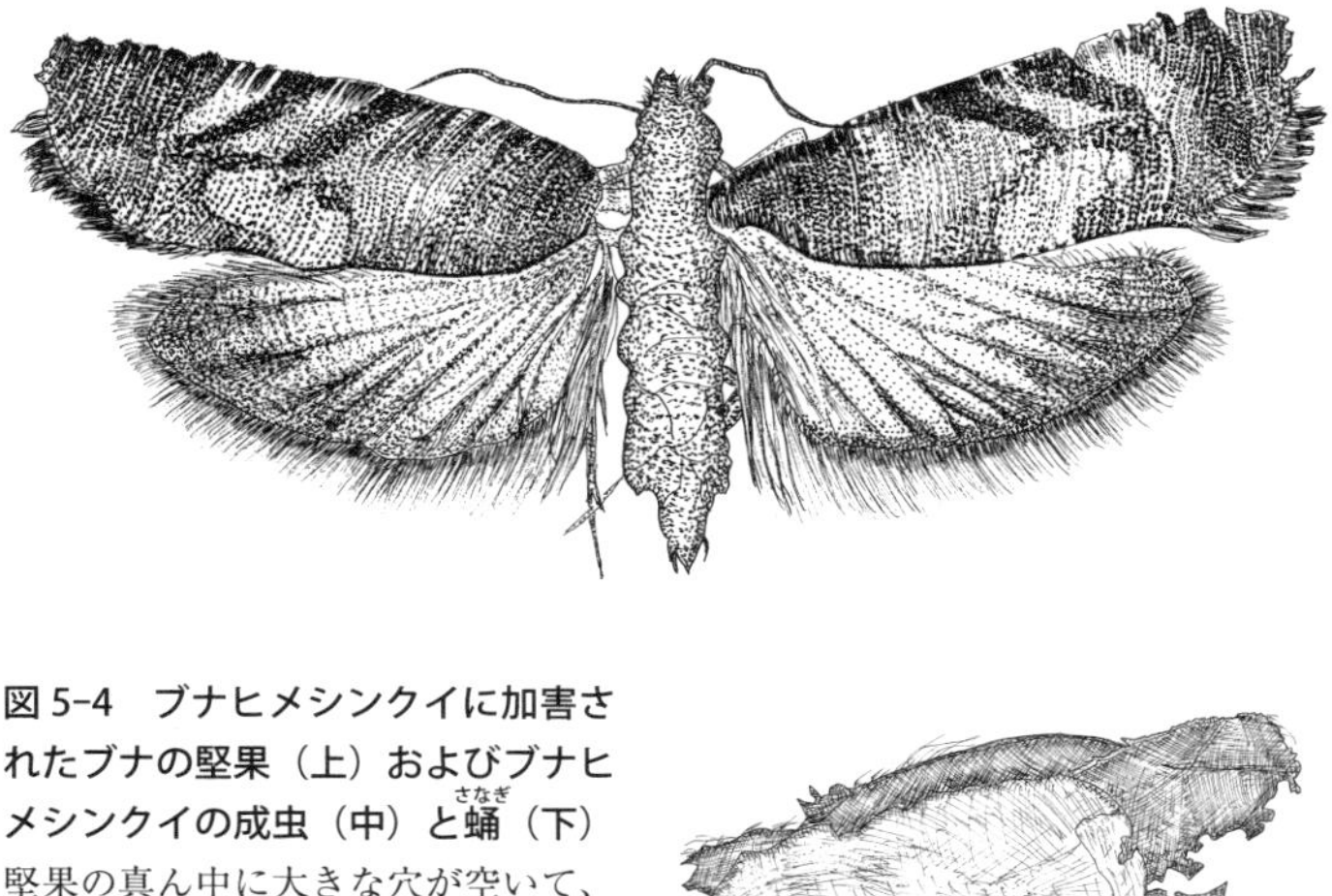

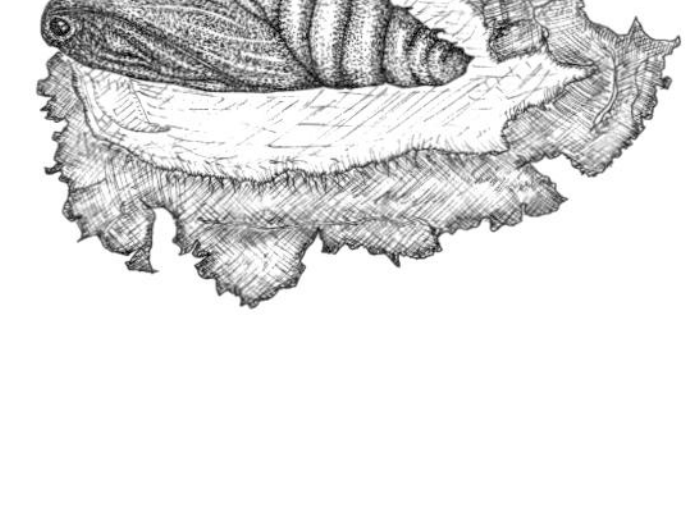

図 5-4　ブナヒメシンクイに加害されたブナの堅果（上）およびブナヒメシンクイの成虫（中）と蛹《さなぎ》（下）
堅果の真ん中に大きな穴が空いて、子葉や胚が食い尽くされていることがわかる。成虫の胴体部分は不鮮明なので細部は描けなかった。蛹は落ち葉の中で越冬する。［駒井古実さん（元大阪芸術大学）、寺澤和彦さんの写真をもとに描く］

である。寺澤さんの後を引き継いだ八坂通泰さんや小山浩正さん（のち山形大学）、今博計さんたちが長年調査を続けた結果、わかったことであり、種子の豊凶は次の世代を少しでも多く残すため進化してきたものだと考えられている。捕食者との駆け引きから発達した樹木の行動パターンは、捕食者飽和仮説と呼ばれ、ダニエル・ジャンゼンが最初に提唱した仮説である。驚いたことに、種多様性を説明するジャンゼン‐コンネル仮説を唱えたのと同じ人である。

スペシャリストとジェネラリスト

豊作年が続くとブナヒメシンクイは大挙してブナの果実に侵入し、胚や子葉を食い尽くす。ブナにとってはとても嫌な、そして致命的な天敵だ。しかし、ブナの果実だけを食べるスペシャリストなので、御しやすい相手でもある。つまり、豊作のあとに不作、凶作を続けることによって個体数を激減させることができるからである。しかし、ブナの堅果を狙うのはブナヒメシンクイだけではない。森にはネズミたちがいる。たとえブナヒメシンクイの加害を免れたとしても、健全な堅果が地上に落下するとすぐにアカネズミやヒメネズミなどが大挙してブナの下に集まってくる。森に棲むネズミたちはブナだけでなく、ミズナラ、クリ、トチノキなどの堅果も食べるし貯蔵もする。したがって、ブナだけが凶作でもミズナラやクリが豊作であればネズミはそれらを溜めて越冬することができる。特にクリは豊作が毎年続くわけではないものの不作年でもそこそこの堅果が実る。トチノキもほぼ隔年で豊作がある。他にもネズミたちのエサとなる果実はたくさんある。一つの森にはいろいろな種類の木々が見られるのでブナだけが豊凶を繰り返してもジェネラリストであるネズミを減らすことはできないのだ。

実際、ブナの少ない森ではブナの不作年が続いてもネズミの数はあまり減らないようだ。宮城県北部の一桧山《いっぴつやま》保護林で森林全体の胸高断面積合計（すべての樹木の胸高直径から断面積を求め合計したもの）に対する樹種ごとの割合を見ると、ブナは一八％しかない。他にもミズナラ三〇％、クリ一五％、トチノキ八％で代替の餌は十分にある。二〇年以上、学生実習でネズミ類を生け捕りワナで捕獲しているが、ブナの不作年が続いてもネズミの数にはあまり影響しないようだ。ただし、ミズナラも、クリも、トチノキも、すべての堅果類が不作だった翌年にはネズミもほとんど生け捕りにできなかった。優占する樹種すべてが不作であれば、ジェネラリストでも減らすことができるのかもしれない。しかし、種子の生産量をトラップで調べているわけでもなく、ネズミもきちんと密度推定しているわけでもない。ただ長年の経験から憶測しているに過ぎない。はたして、ジェネラリストであるネズミの個体数を樹木たちがコントロールできるのだろうか。

知る限り唯一、ネズミがブナにコントロールされてしまうという研究例がある。日本海側の多雪地帯に位置する山形県、温身平《ぬくみだいら》の観察結果だ。新潟県林業試験場の箕口秀夫さん（現新潟大学）が、ブナの堅果数（豊凶）とネズミの個体数の両方を長期間にわたって調べ続けたのである。面白いことに、ブナの凶作・不作が続くとアカネズミやヒメネズミも個体数を大きく減らしていった。豊作になると翌年から再び個体数を増やした。再度、凶作・不作を続けるとまたもや個体数を減らしていったのである。この森はブナの優占度が極めて高い。したがって、越冬するにはブナの堅果しか餌がないのでネズミたちもスペシャリストの捕食者として、ブナにコントロールされてしまうのである。このようにブナの優占度の高い日本海側の林では、ブナは不作年を続けることによってジェネラリストであるはずのネズミ類の数も調節することができるのである。単純な結果だが、証明するための労力はかなりのものだったろう。

温身平だけでなく、日本海側のブナ林では、ブナの親たちはブナヒメシンクイもネズミも大きく減ったのを見計らって大量の堅果を実らせる。すると子供たちは食い尽くされることなく、翌年には大量の芽生えが発生する。豊凶によって捕食者たちをうまくコントロールできることも、日本海側でブナが優占する一つの理由かもしれない。

一緒に花を咲かせる

ブナは渡島半島全域で同調して豊凶を繰り返す。つまり、南北二〇〇キロに及ぶ広い範囲のブナ林でどの木もどの木も一緒に花を咲かせていることを示している（図5-5）。多くのブナが一斉に花を咲かせ、それぞれの花粉を風に乗せて遠くに飛ばす。他のブナの木の雌しべの柱頭にうまく付着すれば、そこで花粉管を伸ばし受精する。多くのブナが一斉に花粉を飛ばすことにどんな利点があるのだろう。一本のブナの木は両性花を持ち、花粉を飛ばす父親でもあり、花粉を受け取る母親でもある。つまり、多くのブナが一斉に花を咲かせると、父親として多くの花粉を他の個体の雌花の柱頭に辿り着かせ自分の子供を作ることができる。一方、母親としても多くの他個体の花粉を受け取ることができる。そうすると、多くの個体が花粉をやり取りして盛んに繁殖し、子供をたくさん作ることができるのである。また、ブナでは近くにいる個体はやはり遺伝的に近縁な個体が多いので、近くの個体だけが開花すると近親個体間で交配が起こりやすい。つまり、近交弱勢のリスクが高まるため、できた子供の健全な成長が危ぶまれることになる。ブナの一斉開花による花粉の広範囲の流動は、健全な種子をたくさん作るために多くの親たちが示し合わせて行うイベントなのである。

風媒花を持つ樹木が一斉に開花するのは効率よく受粉し、結実の成功率を上げるためだと考えられ、「受粉効率仮説」と呼ばれている。ブナの豊凶はブナヒメシンクイやネズミ類の捕食者を飽和させるためでもあり、受粉の効率を上げるためでもある。どちらもブナにとっては大事なことだが、豊凶を進化させたのはどちらがより強い選択圧になっているのだろう。どちらかというと豊凶を促

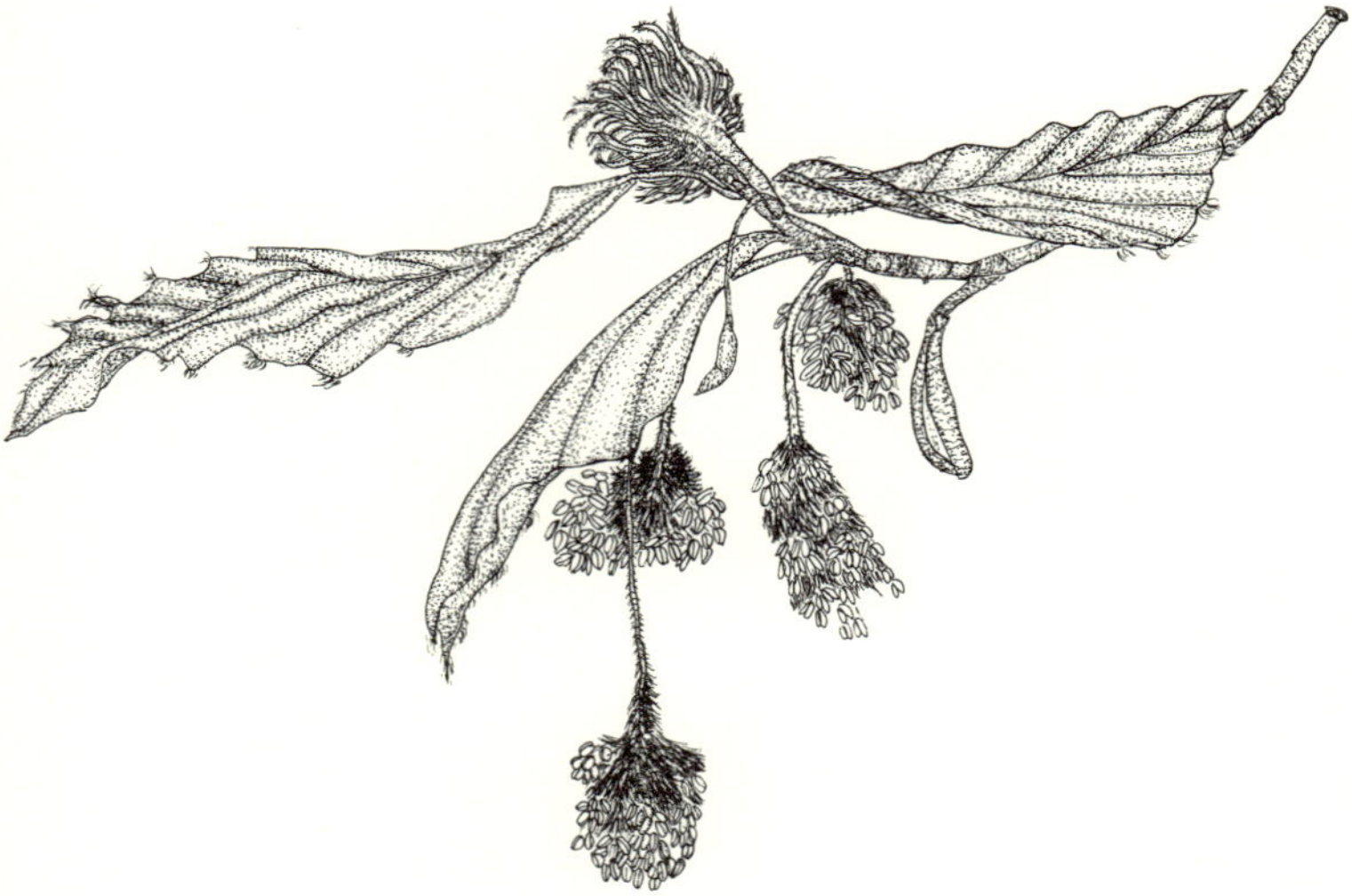

図 5-5　ブナの雄花（上）と雌花（下）

ブナの花は手の届かないような高い樹冠で咲いている。色も形も地味な感じで目立つものではない。しかし、手にとってよく見るとなかなか面白い形をしている。

してきたのは受粉効率よりも捕食者飽和のためだろうと、長期観察データから今博計さんたちは推測している。ブナはブナヒメシンクイがよほど嫌いなのだろう。

ブナはなぜ群れるのだろう

ブナは集団を作る。ブナ同士で群れ、あまり孤立しない。特に日本海側のブナ林に行くと山腹斜面はブナで覆われている。奥羽《おうう》山系の栗駒山の老熟林では胸高直径が一メートルほどのブナが林立し、時にブナよりはるかに巨大なミズナラが混じる。他にも太いホオノキ、ウワミズザクラなどがポツリポツリと見られる。原正利さん（千葉県立中央博物館）たちによると胸高断面積合計で全体の八割近くがブナであった。もう少し雪の少ない太平洋側の一桧山では、ブナは山腹斜面で大きな集団を作っているが全体の二割に満たない。ブナの優占度は日本海側の多雪地帯では高く、雪の少ない太平洋側では低い。なぜだろう。いろいろな説がある。日本海側の山地斜面では雪崩《なだれ》が頻繁に起き雪の圧力が強いが、ブナだけはびくともしないという説もある。一方、太平洋側では雪が少ないので種子が春先の乾燥で死んだり、ネズミに食べられたりしやすい。また、春先乾燥し山火事が頻発するので遷移後期種であるブナ林は発達しにくい、といった説も出されている。いずれも頷ける説である。それぞれ矛盾なく優占度の違いを説明しているだろう。しかし、ブナがなぜ群れるのかは説明されていない。日本海側では見渡す限りブナ林が続き大集団を作るが、太平洋側でも数十メートル四方の集団を作る。太平洋側ではブナは優占しないものの、それでも集団を作ってブナ同士が肩を寄せ合って暮らしている。森の中で互いに孤立することはない。どうして群れたがるのだろう。その仕組みはよくわかっていない。

そんなとき、宮城教育大学で平吹喜彦さん（現東北学院大学）のもとでブナに興味を持ち栗駒山に通っていた富田瑞樹くんが大学院にやってきた。富田くんは、ブナの種子段階から幼年期までを丹念に追跡し、ブナ林が成立していく過程をつぶさに観察した。その後も多くの学生が、なぜブナが群れるのかを、小さな芽生えから直径一メートルを超える巨木まですべての生活史段階を追って研究してきた。行きつ戻りつしながらも、なぜ群れるのか、が少しずつ明らかになってきた過程をしばらく辿ってみたい。

親木の下から逃げ出す種子

富田くんはまず初めに、ブナの樹冠下に落ちた種子の行方を追った。どこに運ばれ、芽生えはどこで大きく育つのか。森の中で繰り広げられるネズミや菌類たちとの駆け引きの不思議の扉をそっと押し開けたのである。

栗駒のブナ林に大豊作がやってきた。ブナの堅果はどこに落ちるのだろう。森の中に一一〇個の堅果トラップを仕掛けた。樹上で殻斗の口が開くと、中からポロリと堅果が落ちる。翼がないので風に乗って遠くに飛ぶことはあまりない。やはり、全体の七割弱ほどはブナの樹冠下に落ちた。しかし、待ち構えていたアカネズミやヒメネズミなどがすぐにやってきて、せっせと自分の行動圏内のあちらこちらに運んでは落ち葉の下に貯蔵する。そのうちの一部は深い巣穴に運び入れて冬越しの食料として備蓄する。ブナの堅果はトチノキやミズナラなど他の堅果類に比べサポニンやタンニンなどの有毒成分が少ないのでネズミの大好物である。その結果、樹冠下に大量に落ちた堅果の数は大きく減り、樹冠から離れたところ、すなわちミズナラやホオノキの下、または、明るいギャップなどに運び込まれる。このように、ネズミによって堅果の密度の高いところから低いところに運び込まれ、秋の終わりにはブナの樹冠下の堅果の密度はかなり低下した。

さらに、冬の間、土壌病原菌（カビ）が追い討ちをかけた。樹冠下では堅果の半数はカビに白く覆われ腐ってしまった。樹冠下の密度の高いところほど子供が死にやすいといったジャンゼン－コンネル効果がブナでも見られたのである。その結果、春先にはブナの樹冠下の堅果と遠く運ばれた堅果の数はほぼ同じになった。その後、発芽した実生は思いもかけない出来事に翻弄され続ける。ブナの紆余曲折の運命をさらに追ってみよう。

居心地の良いミズナラとホオノキの下

栗駒山にも遅い春が来た。ブナの林冠木が葉を開き始めている。しかし、ブナの実生や稚樹はまだ雪の下だ。しばらくして雪が完全に解け、やっとブナの芽生えが地上に顔を出した（図5-6）。とはいえ、ブナの赤ん坊が生まれて初めて見上げる世界はとても暗い。林冠木の葉がすでに開きっているからだ。しかし、暗い森を歩いていると妙に明るいところに出た。ギャップではない。見上げてみるとホオノキだ。まだ葉が開いていない。しばらく行くともっと広く明るいところに出た。大きなミズナラの下だった。やはり葉は開いていない。よく見回すと、驚いたことに大きく成長したブナがたくさん見られる。これは、面白いことを見つけたと思った。早速、ホオノキの下にも行ってみた。やはりブナの稚樹が大きくなっていた。ブナの下よりもミズナラやホオノキの下で発芽するほうが得なのだ。詳しく調べてみると、やはりブナの実生はブナの林冠の下よりもミズナラやホオノキの林冠下で大きく成長していたのである。

ミズナラやホオノキの葉は開き始めがブナより一ヶ月ほど遅い。さらに、一枚の葉が面積を広げる速度もゆっくりだ。だから林床はいつまでも明るく、なかなか暗くならない。したがってブナの実生はミズナラやホオノキの下では春の光を十分に受けることができるのだ。このような春先だけ明るい場所を「季節的なギャップ」とか「フェノロジカルギャップ」と呼ぶこともある。ちょうど

図 5-6　ブナの芽生え

堅果の果皮が割れ、まず幼根が伸びてくる。そして種子を果皮ごと持ち上げる。果皮から子葉がのぞいて開き始める頃には小さな本葉も顔をのぞかせている。最初の本葉が開くとすぐにもう 1 枚の本葉が開く。大きな本葉を 2 枚、左右対称に展開すると、ようやくブナの芽生えらしい姿になる。

同じ頃、北海道のブナ林でも小山浩正さんたちが「季節的なギャップ」がブナの更新に有効であることを見つけていた。森をよく歩く人にだけ見せる森の不思議の一つである。

このようにブナの堅果は親から遠くに運ばれ、そのうちのいくつかはミズナラやホオノキなどの下で大きくなっていく。その後、多分、ミズナラやホオノキなどが倒れたときにはそこでいち早く林冠に到達し、花を咲かせることができるようになるだろう。しかし、ミズナラもホオノキも栗駒の森では個体数が圧倒的に少ない。それにミズナラは寿命が圧倒的に長い。ブナが最高で二〇〇～二五〇年ほどなのに対しミズナラは五〇〇年を超えるものもある。ミズナラの下で稚樹が大きくなれたとしてもミズナラの巨木はなかなか倒れてくれないだろう。やはりブナはミズナラやホオノキなどの下だけを頼りにしては子供が大きくなれそうもない。他にも更新する場所を探さなければならない。

ブナの子供は甘えん坊——近すぎず遠すぎず

栗駒の森ではブナは数本から数十本まとまってパッチ状に広がっているが、驚いたことにそのパッチの辺縁部に多くのブナの稚樹がみられることを富田くんは見逃さなかった。ブナの稚樹を数えてみると、やはりミズナラの下で最も多く二五平方メートルあたり六六本もあったが、次いで多いのは、驚いたことにブナの林冠の辺縁部で二三本も見られた。栗駒の森にはミズナラやホオノキは少ないがブナだけはたくさんあるので、ブナの林冠の辺縁部は意外と広い面積を持つ。ブナの稚樹はブナ樹冠の真下ではなく、林冠の辺縁部で生き残っていたのである。

これは不思議なことだが、他の森でもみられる一般的なことなのだろうか。大学院生の寺原幹生くんや佐々木崇則くんは栗駒のブナ林よりもブナの優占度が低い一桧山の老熟林で調べてみた。六ヘクタールの試験地で当年生の実生から最大胸高直径一一一センチの老巨木までブナのすべての個体五八五七個のサイズを調べ、どこに位置しているのかを地図上に落とした。地面を這いながらの調査だった。はたして親木の近くに稚樹や実生は分布するのか、それとも互いに離れて位置しているのか。胸高直径四〇センチ以上の個体を親木と仮定して、子供と仮定した一五センチ以下の個体との位置関係（分布パターン）を解析した。予想通り、芽生えから胸高直径一五センチくらいの個体までのほとんどが親木に近いところに分布していた（図5-7）。ブナがあまり優占しない森でもブナの子供たちは親木の周囲から離れずに生きていたのである。ブナの子供たちはなかなか親から離れない。かなりの甘えん坊である。一方、同じ一桧山でミズキの全個体を調べてみると、逆に、子供たちは大きくなるにつれて親からだんだん離れて分布していった。これは親木の近くでは土壌病原菌や葉の病気に感染して同種の子供たちが死んでしまうからである（『樹は語る』参照）。両者の好対照はどこからくるのであろうか。その秘密はやはり地下の菌類にあることがわかってきた。

図 5-7　ブナの成木の周囲に見られるブナの稚樹

太平洋側の広葉樹林ではブナはあまり優占しない。一桧山試験地でもそうである。試験地から少しだけ外れたところにある巨大なブナの胸高直径は 128cm だ。その周囲を 30cm から 60cm クラスのブナが取り囲んでいる。林床を見るとオオカメノキやクロモジなどの低木が多いが、高木性の稚樹はやはりブナが最も多い。年代を超えてブナが小集団を作っている。

土の中の心強い友達——外生菌根菌

実生が親木の近くで定着しやすいのは、親木と共生する「外生菌根菌」が実生の成長を手助けしているためではないか。最近、そういう指摘が増えてきた。外生菌根菌は植物の根と互いの組織が複雑に入り組んだ菌根を作る。土壌中にも長い菌糸を伸ばし吸収した栄養分や水分を樹木に与えて、その成長を促し、時に外敵から守っている。

ブナの実生は成木に近いほど外生菌根菌に感染しやすいようだ（図5-8）。ブナの親木の根に感染していた外生菌根菌が実生にも感染するためだ。冷温帯のコナラ属の樹木では親木の根が張った範囲くらいまでは菌根菌の助けによって実生が定着しやすいことも見出されている。同様のことがブナでも起きているのかもしれない。ブナのタネをさまざまな広葉樹の下に播いて実生が少し大きくなってから抜き取って、根に共生する外生菌根菌の感染率を調べてみた。まだ統計解析は進んでいないが、ブナの下で育った実生のほうが他の樹種の下で育ったものより高い感染率を示すようだ。大学院に進学した古賀帆くんが今、詳しく調べている。栗駒山のブナ林でも一桧山のブナ林でも、ブナの成木の周辺では稚樹は外生菌根菌に感染しやすいことによって、実生が定着しやすいのかもしれない。

成木の周囲に子供が定着してそれがどんどん大きくなっていけば、ブナのパッチはますます広が

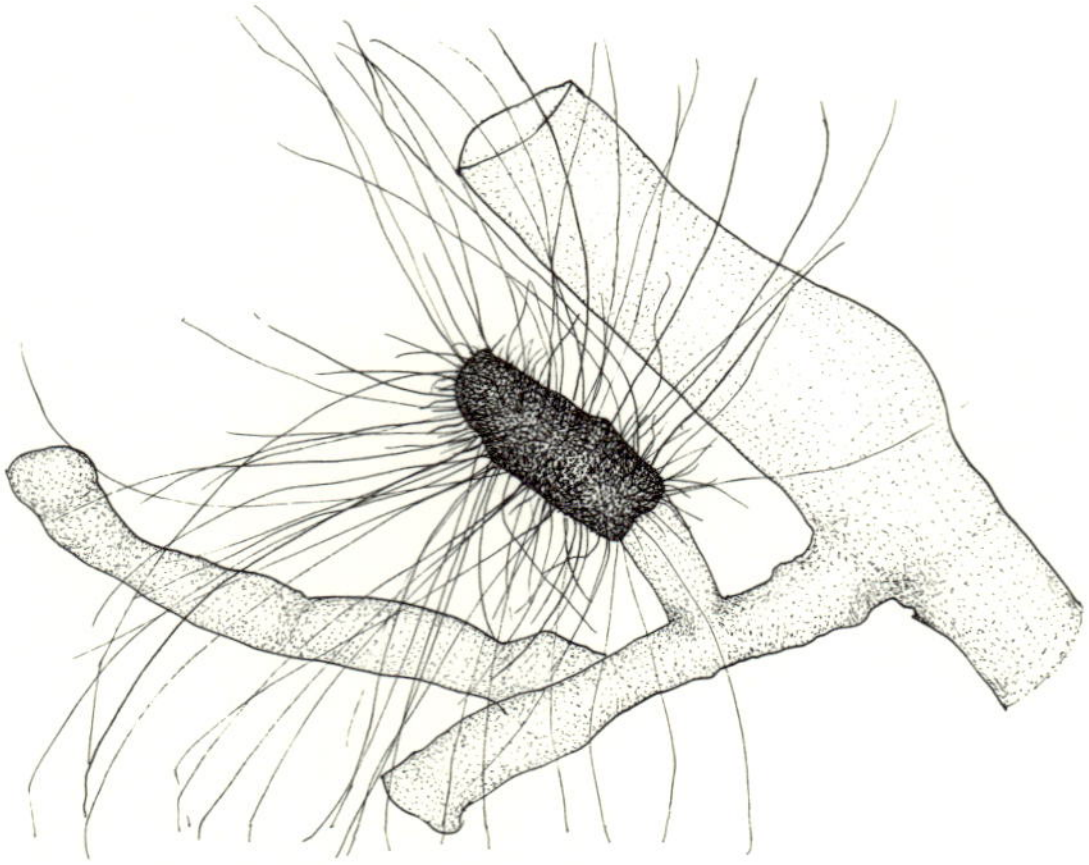

図 5-8　ブナの実生の根に感染した外生菌根菌

菌根菌の菌糸はブナの芽生えの細根よりかなり細い。土壌の隙間に入り込んで養分を吸収するには好都合だ。ブナの子供たちが親木の近くで居心地良さそうにしているのは、外生菌根菌のおかげのような気がする。

っていく。ひいては広い純林を作っていくだろう。森全体として見れば、同じ種の個体が増えることになるとそこに共存する樹種の数は減っていき、種多様性の減少を招くことになる。これは、ウワミズザクラやミズキなどで見られたジャンゼン－コンネル仮説の正反対の事象が起きていることを意味する。では、なぜ樹種によって孤立して分布し、種多様性を増やす方向に向かう種もあれば、ブナのように減らす方向に向かう種もいるのだろう。その理由はコラム2で見てみよう。

混じり合う

ブナはどんどんその勢力範囲を広げて

いくように思える。外生菌根菌と共生し親木の近くで大きくなり、ミズナラやホオノキの下でも待機する。それに耐陰性も高い。これでは冷温帯林ではブナだけが広がって一強のようになりそうだ。森を独占してしまうのではないか。しかし、自然の森はそうはさせないメカニズムも内包している。「山を見せてくれ」と山形大学の小野寺弘道さんが訪ねてきた。東北大学フィールドセンター内の渓流沿いを歩き、地続きの一桧山県有林の試験地に入ると、「あすこは地滑りだな」と指さした。斜面の下部が少し盛り上がり、その下からチョロチョロと水が流れ出している。その上の地滑り地は周辺の安定したところとは傾斜が異なりおぼろげながら区別がつく。試験地の西側では大きな地滑りが起きていたのである。

早速、測量をして地滑り地の範囲を特定した。すると驚いたことに地滑り地にはブナがほとんどなくなっていた。地滑りの下端、舌の先のように盛り上がったところに少しだけ大きなブナが残っていたが上部の斜面にはほとんど見られない。そのかわり、ヤマハンノキやアカシデといった遷移初期種が一斉に更新していた。それらの樹齢を成長錐で調べた。成長錐とは木の芯方向に小さな穴を開け木材サンプルを抜き取る器具である。サンプルの年輪を数えると、数十本すべて七〇前後であった。つまり、七〇年ほど前に地滑りが起きたことを示している。ブナをはじめとする遷移後期種の大木が流され、新たに、裸出した鉱質土壌に翼を持ったケヤマハンノキやアカシデのタネが風に乗って運ばれてきたのだろう。ブナは時に思いもかけない自然の撹乱によって、倒され、流され、そして他の木々に置き換わっていた。こうしてブナ独占の進行が抑えられ、多様な樹種が入り込む余地が生まれたのである。

東北のブナ林は主に雪の多い日本海側に分布するが、その分布は地滑り地帯の分布とほぼ重なる。ブナ林は地滑り地の上に成立していると言っても過言ではない。そういえば、栗駒の森も二〇〇八年に起きた最大震度六強の岩手・宮城内陸地震ではいたるところで大きな地滑りが発生し、栗駒山の調査は数年間足止めされた。寸断された道路の復旧作業が行われている斜面をのぞき込んだら、ブナが土砂とともに流されていた。地滑りは忘れた頃にやってくる。いつ起きるのか、どのくらいの規模で起きるのか予測はできない。しかし、ある程度の時間が過ぎると必ずやってくる。そして、増え続けるブナを減らし他の遷移初期種を招き入れる。地滑りはブナ林の種の多様性を維持する自然の仕組みの一つなのだろう。

スギとブナが混じる森

職場から車で三〇分ほどのところにスギの天然林がある。スギとブナを主とした広葉樹が半々に混ざり合っている森だ（図5-9）。それぞれの最大の胸高直径は一メートル近い。試験地を設定し調べてみるとスギもブナも次世代の稚樹が次々と更新していた。スギはアーバスキュラー菌根菌と

図 5-9　自生山《じしょうざん》天然林

スギは単純林として植栽されているが、ブナなどの広葉樹との混交林が本来の自然林の姿なのだろう。スギも広葉樹も手を入れなくても自然に更新している。天然更新のメカニズムを模した手間をかけない林業が理想だ。

共生し、ブナは外生菌根菌と共生する。菌根菌タイプの異なる二種が優占する究極の天然林である。春はスギの濃い緑にブナの淡い緑が浮き上がり、秋はさらに濃くなったスギの緑にブナやヤマモミジの茶や赤が混じる。遠くから見ても、木立の中に入っても、とても美しい森である。

負の自然遺産

日本には白神山地くらいに立派な、いやそれ以上のブナ林がいたるところにあった。北海道から山陰にかけて主に日本海側の奥地に行けばそこは鬱蒼としたブナを主とした森であった。それもつい数十年ほど前のことである。しかし、高度経済成長期には、タガが外れたように、奥地林の伐採が進められた。まず、ミズナラやヤチダモ、ハリギリなど高く売れる木が伐られ、ブナの伐採は少し遅れた。木では無いので「橅」という字を当てられた。しかし、ほんの少し遅れただけで、ブナ林はすさまじい伐採の嵐に晒され大径木は全滅した。

寺澤和彦さんは共著書『ブナ林再生の応用生態学』（文一総合出版）で、一九五〇年から一九九〇年までの四〇年間だけでも毎年五〇万立方メートル以上のブナが伐採されたと記している。特に一九五五年から一九七二年にかけての一七年間は年間一〇〇万~二五〇万立方メートルも伐採されている。二五〇万立方メートルといえば胸高直径八〇センチ、高さ二四メートルの大木が毎年三〇万本である。伐り方は、太い木も細い木も見境なく森の木をすべて伐り尽くす皆伐だ。そして、その後にスギなどの針葉樹を植えていったのである。このような広葉樹天然林から針葉樹人工林への転換を林業関係者は「拡大造林」と呼んだ。拡大造林は一九七〇年代になるとしだいに低山帯から気象条件の厳しい標高の高いところに移り、植えた針葉樹が育たない、といったことが問題になり始めた。

栗駒山の広大な裾野を歩くとブナの二次林が広がっている。皆伐後に再生した林分である。ササ混じりの藪を歩くとしばしばスギやカラマツに出会う。よく目を凝らすときれいに列をなして並んでいる。多分、植栽後しばらくはブナを「除伐」したのだろう。しかし高標高でスギが大きくなれなかったので放置したところ、再びブナ林に戻ったのだ。今では、ブナのほうが圧倒的に大きく、遠くから見たらブナ林としか思えない。随分と無駄なことをしたものである。

一九八五年頃からブナの伐採量はしだいに減少していった。一番の原因は太いブナがなくなったからだろう。それに、特によく山に入る地元の人たち、心ある生物学者やジャーナリストなどが加わって、「これ以上地元の財産、地球の宝を盗むな!」といった行動が盛り上がったこともブナの無節操な伐採を終わらせた大きな力であった。それにしてもブナの巨木たちの無念は推し量るべくもない。

伐採された大量の木材はどうなったのだろう。どこを見回しても、ブナで作ったものは今の日本にはほとんど残されていない。東北ではりんご箱、子供たちの机や椅子が作られた。飛騨ではデザイン性の高い椅子が作られヨーロッパに売られた。しかし、日本のどこにブナの家具や建具などが残っているのだろう。巨木の森は伐られてどこにいったというのだろう。山には細い木や形質の悪い木が残され、更新しにくいところはササがはびこってしまった。雨後のタケノコのように現れた林産業者は一瞬儲けて皆撤退した。あまりにも、目先の利益にとらわれた林業と林産業が合体した歴史をそこに見ることができる。目に見えない遺産として、それも「負の自然遺産」として資料を掘り起こし、長く語り継がれるべきである。

あがりこ——根こそぎにしない

鳥海山《ちょうかいさん》麓のブナ二次林を調査した帰り、近道をして細い山道を通った。左奥に奇妙な姿の木が見えた。目を凝らすと〝あがりこ〟だ。早速車を止めて学生たちと見に行った。地上二〜三メートルで多くの枝を分岐させている(図5-10、5-11)。初めて見たので奇妙で少しグロテスクな感じがした。しかし、後でその来歴を知ると、少し親しみが湧いてきた。〝あがりこ〟はブナを雪上で繰り返し伐採することによってできた樹形である。奥深い山地では伐採した丸太は積雪期にそりで運ぶのが一番便利だ。だから高い位置での伐採になったのである。複数の萌芽枝(幹)はすべて伐採

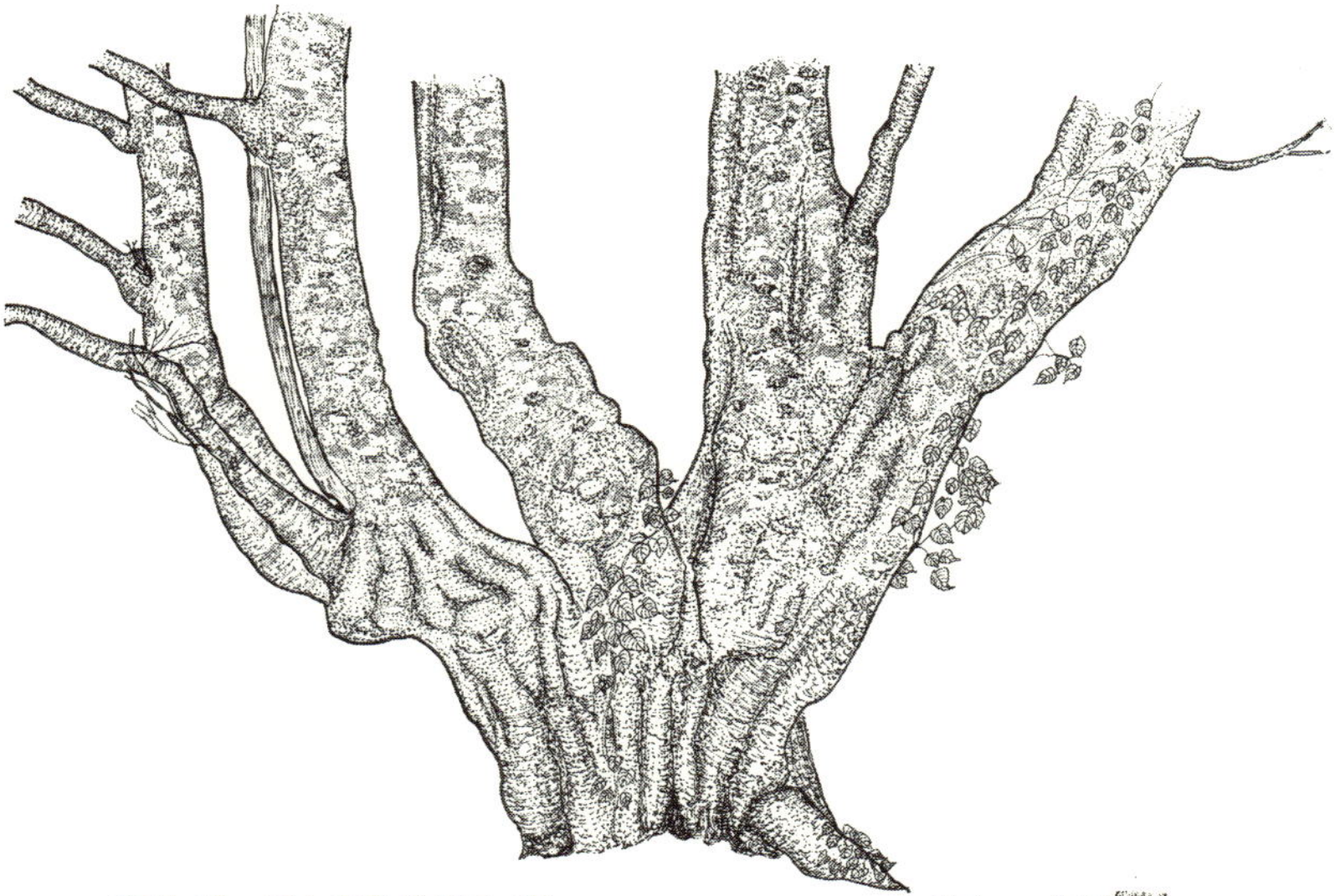

図 5-10　ブナのあがりこ（1）

東北の山々は深い緑に覆われている。雨に濡れそぼちながらブナのあがりこは静かに立っている。ここには違う時間が流れている。てっとり早く儲けられればそれでよかったのか。樹の声が聞こえてきたような気がする。

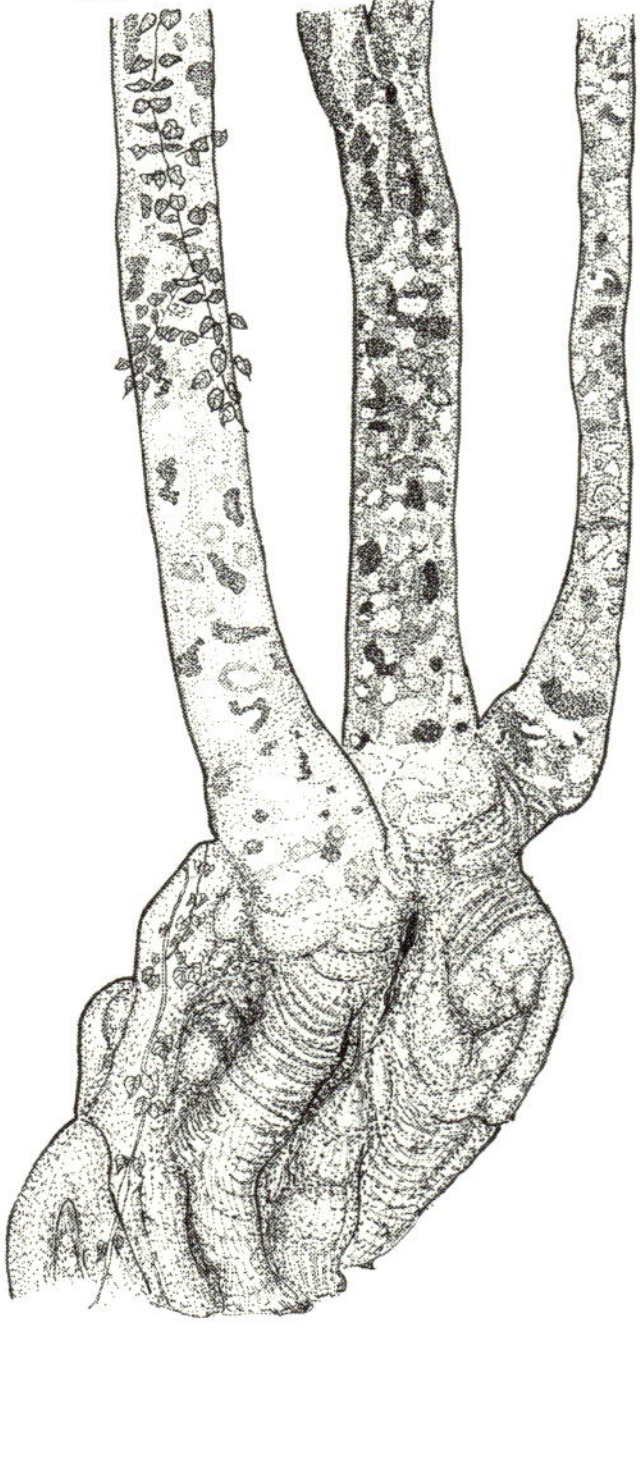

図 5-11　ブナのあがりこ（2）

雪国の人たちは炭を長く焼き続けるためにあがりこという仕組みを編み出したのだろう。ブナを絶えず伐り続ける林業はその後の皆伐に取って代わった。それを行ったのは２年で転勤するよそから来た役人たちであった。

せず、絶えず一本から数本の幹を残しながら伐採を繰り返していたらしい。ブナは太くなると萌芽しにくいので、少しでも萌芽しやすい若い幹を残していたのだろう。ブナ林を禿山にすることなく絶えず萌芽させ、森林状態を維持しながら炭を焼いていたのである。新潟県北部から秋田県にかけて見られる持続的な林業の形態である。

森に祈り、舞う

雪深い東北の農村はブナの森に囲まれている。田んぼに囲まれて暮らしていた子供時代にそんな実感はなかった。しかし、稲穂が広がる生家から農道を月山《がっさん》のほうに登り、山の中の集落を二つ三つ越えるとブナ林だ。ブナ、ブナ、ブナだ。ブナが主役だ（図5-12、口絵）。人間の住む集落や市街は、はるか下方にある。平坦な田んぼが小さく見える。出羽の山々はブナに覆われ、庄内《しょうない》の人里はブナ林の下方に位置するのがよくわかる。

田んぼの水はブナ林からくる。山形の人は昔から知っていた。農家では一二月一二日に山の神を祀《まつ》り、穀物の豊穣を祈った。〝出羽三山〟があり〝草木塔〟が立つ。樹の命を敬う土地柄だ。だから、むやみに木々を伐ることはなかったのだろう。その証拠に山形県の針葉樹人工林率は造林適地の少ない沖縄、急峻な山岳を抱える富山・新潟に次いで四番目に低い。実質は一番低い地域かもし

図 5-12　月山のブナ林
3 月の月山はまだ深い雪の中だ。晴れ渡った青空に白い幹が映える。

れない。だから、今でも豊かできれいな水が溢れている。

　ブナの森から水を引いて米を作っている兄は毎夏、数日をかけて「天保堰《てんぽうぜき》」の堰堤《えんてい》の草刈りに出かける。そして、雪に埋もれた二月一日と二日には豊作を感謝して能を演じる。ブナ林の麓で日々働く実感が農民芸能を神事に昇華させる。五〇〇年以上も毎年続けられてきたブナ林の裾野の行事である。

Column 2

孤立する樹と群れる樹——空間分布を操る菌根菌

菌根菌と病原菌

樹の下の土の中にはさまざまな菌類がいる。実生を攻撃する病原菌もいれば助ける菌根菌もいる。そのどちらが優越するかで実生の運命は決まる。親木の下で病原菌が勝れば実生は死んでしまうし、逆に菌根菌の勢いが強ければ親の下で子供は生き残る。このような菌たちの勝ち負けといった簡単なことが、森林群集の構造を決める大きな要因になるのではないかと近年考えられるようになった。

病原菌が菌根菌より強いと種多様性を作り上げる方向に向かう。親木の下では、土壌中の立ち枯れ病菌や親木から落下する葉の病気などが子供たち（同種の実生や稚樹）を強く攻撃し死に至らしめる。したがって、子供は親から離れて分布し、遠いところで大きくなる。すると成木同士は離れて分布するようになる。親木の下で病原菌は種特異性を持ち、同種の子供だけを強く加害し他種の子供は見逃す。その結果、同種から他種への置き換わりを促し、種多様性が増加するのである。

これはジャンゼン－コンネル仮説と呼ばれて、程度の差こそあれ熱帯のほとんどの樹種で見られ、温帯林でもミズキやウワミズザクラなど多くの樹種で成立することが明らかになってきている（『樹は語る』参照）。しかし、温帯林ではブナのように群れる樹がいる。菌根菌が病原菌より強く作用しているためではないかという説が近年出され、検証例が爆発的に増え始めている。

菌根菌は植物の根と互いの組織が複雑に入り組んだ菌根を作る。土壌中にも菌糸を伸ばし、樹木の成長や生存を大きく助けている。菌根菌は陸上植物の約八割と共生していると言われており、病原菌と同様、森の中のいたるところで見られる。菌糸は植物の根よりずっと細く、長い。一〇〇分の一ミリ以下の直径しかないので、植物の根が侵入できない土壌の狭い隙間にも侵入し、土壌中の窒素・リン・カリウムなどの無機養分や水分などを効率的に吸収することができる。したがって菌根菌と共生した植物の資源獲得能力は飛躍的に増し、大きく成長できる。さらに菌根菌は病原体への抵抗力を高め、植物の定着を助けていることも知られている。その見返りとしてデンプンなどの同化産物を植物からもらって共生している。菌根菌と植物は「相利共生」の関係にある。

外生菌根菌とアーバスキュラー菌根菌

樹木は主に、外生菌根菌とアーバスキュラー菌根菌のどちらかと共生する。ブナ科、マツ科、カバノキ科、ヤナギ科などの樹木は外生菌根菌と、バラ科、カエデ科、モクレン科など多くの樹種はアーバスキュラー菌根菌と共生する。両方と共生するものもあるが数は少ない。二〇一七年に北アメリカの広葉樹に関する驚くべき報告がなされた。外生菌根菌は実生の根を覆うので土壌中の病原菌から実生を守る力が強く、親木の下で自分の子供が育ちやすい。一方、アーバスキュラー菌根菌は根の外側を覆うことなく根の中に入ってしまうので土壌中の病原菌から守る力がなく、実生は死にやすい。つまりどちらの菌根菌と共生するかで、親木の近くで自分の子供が生き延びることができるかどうかが決まるというのである。この仮説は、すぐに世界各地で検証され、我々も同じ傾向を見出している。

東北大学フィールドセンターの若い二次林にブナを含む落葉広葉樹八種の種子を播いたところ、アーバスキュラー菌根菌と共生するミズキ、ウワミズザクラ、ホオノキ、アオダモの芽生えは同種成木下ではほぼ一〇〇%死亡し、二五メートル以上離れたところでは生き残りが見られた。逆に外生菌根菌と共生するクリ、ブナは同種成木下でも一〇〇%死ぬことはなく、かなりの数が生き残った。同じく外生菌根菌タイプのコナラは同種成木の下でむしろ生き残る確率が増えたのである。やはり外生菌根菌と共生するほうが親木の近くで子供が生き残りやすいようである。

群れる樹種と孤立する樹種

この傾向は一桧山の六ヘクタールの試験地でも見られた。すでに本文で見たように外生菌根菌と共生するブナは当年生の実生だけでなく、大きな実生、稚樹、幼樹と生育段階が進んでも依然として成木たちの近くに分布していた。大きくなってもいつまでも親の近くにいるのである。ブナが集団を作って群れるようになるのは外生菌根菌との共生関係が大きく影響しているようだ。

逆に、アーバスキュラー菌根菌と共生するミズキは、親木の直下に種子を大量に散布するので、芽生えは親木に近いところが多い。しかし、親木の近くでは病原菌が強く実生はどんどん死んでいく。すると親木の近くには同種の実生はもちろん、稚樹、幼樹もいなくなる。したがって子供たちは親木から離れて分布するようになり、ミズキの成木同士も互いに離れて分布するようになる。

このように外生菌根菌タイプの樹木は群れて大きな集団を作り、一つの森の中で優占するようになる。一方、アーバスキュラー菌根菌タイプの樹木は互いに離れて分布し、一つの森での優占度は低くなると考えられる。実際の森を見回してみよう。外生菌根菌タイプのブナは冷温帯に広大なブナ林を作るし、アカマツやシラカンバなども攪乱跡地に広い純林を作る。一方、アーバスキュラー菌根菌タイプのサクラやミズキ、ホオノキなどは成熟した森の中では群れることは少ない。互いに単木的に離れて分布しているものが多い。熱帯林でも珍しく純林を作るフタバガキ科の樹木は外生菌根菌と共生している。しかし、ほとんどの樹木はアーバスキュラー菌根菌タイプであり、親木の下で同種の子供の死亡率は極めて高く、成木は互いに離れて分布しているように見える。

とはいえ、菌根菌タイプがすべてを決めているわけではない。アーバスキュラー菌根菌と共生するトチノキは、やはり子供は親から離れて分布していた。しかし川沿いの低地に集団を作る。水辺以外では大きくなれないので、子供は親から離れるものの低地で新しい集団を作るのだろう。樹木の下での子供の生き死には菌根菌タイプが大きく影響するのは間違いないだろう。しかし、大きくなるにつれて土壌の栄養分や水分、それに光環境などさまざまな要因が関わってくる。全貌がわかるまでまだ道は遠いが、最近の研究の進展は目覚ましい。当分目が離せないようだ。

チマキザサ——粽笹

林床を覆い尽くす

日本の山地を歩くとササはいたるところで見られる。中に入ると迷い込むほど背の高いものから膝くらいしかないものまで、ササには非常に多くの種が記載されている。しかし変異が多く形態だけでは区別しにくい。遺伝子解析に基づく分類もまだできていないのが現状だ。

長年調査に明け暮れた北海道や東北の高標高や多雪地帯では、背が二～三メートルの屈強なチシマザサが見られるが、低山帯では背丈が一～一・五メートルほどのクマイザサやチマキザサが普通だ。いずれのササもびっしり生えるとやはり歩きづらく、雨の日の調査は特に鬱陶《うっとう》しい限りだ。人間にとっては歩きづらい程度だが、樹々の母親たちにとってササは子供の命を脅かす大敵だ。密立したササの下は暗く温度も上がらない。だからカンバ類やハンノキ類、キハダ、ホオノキなど遷移初期種やギャップ依存種はササの下では発芽すらできない。ブナやミズナラなどの遷移後期種はササの下でも発芽するが、密立した稈《かん》を乗り越えて大きくなることは極めて難しい。その上、ササは数十年以上も密立したまま生き続ける。花を咲かせるまで枯れない。だから、ササを一旦はびこらせてしまうと広葉樹の更新は途絶えてしまう。ササが繁茂した森では稚樹の姿が極めて疎らで、林冠木とササの二層が目立ち、なんだか寂しい感じがする。それに比べ、ササが少ない森では林床が明るいため稚樹の更新が活発で、森全体がにぎやかに見える。

稚樹が更新しないと困るのは樹々の母親たちだけではない。林業者も手をこまねいた。特に天然林を皆伐しササをはびこらせてしまった人たちだ。彼らはブルドーザーの排土板で根こそぎ除去する作業「掻き起こし」を行った。しかし、地下茎と一緒に表層の土壌も剝ぎ取ったのでせっかく更新した実生の成長が覚束なくなった。除草剤の散布まで行われたが、人間にも生態系にも良いはずがない。人間はせっかちだ。ただの強制的な排除が根本的解決にならないのはどこの世界も同じなのだ。やはり、ササの生態をよく知り、コントロールするのが一番なのである。遠回りでも、ササの普段の生活習慣をつぶさに調べてから対処すべきである。どこに弱点があるのだろう。

春と秋に稼ぐ

混み合ったスギやヒノキの人工林ではササは見られない。林縁で見られるだけだ。しかし、落葉広葉樹林の下には場所によってはびっしり繁茂している。なぜだろう。夏ではわからない。落葉広葉樹林もスギ林も同じように暗いからである。しかし、春早く行けばその答えがわかる。つまり、林冠木の葉が開く前の林床はとても明るいのである。それに、秋、落葉後の林床も結構明るい。ササは常緑なので、雪が解けた後の春先や雪が降る前の秋の終わりにも活発に光合成をしてたくさん稼ぐことができる（図6-1）。だから夏には暗い林床でも繁茂していられる。森林総合研究所北海道支所のトム・レイさん（現龍谷大学）と小池孝良さんが北海道のクマイザサ（チマキザサの近縁種）で見出したことである。

落葉広葉樹林の林床の光環境は季節を通じて大きく変化する。季節の隙間をいかにうまく利用するかが、林床で過ごす小さな植物の腕の見せどころである（コラム3参照）。

ギャップから周囲に広がる

八甲田山《はっこうださん》の広い山麓には若いブナ林が広がる。皆伐されたブナ原生林が再生したものだ。一歩中

図 6-1　落葉広葉樹林で生育するチマキザサ

葉の両側が白っぽいのは、秋に葉の窒素分を体内に吸収したからかもしれない。それとも雪に擦れたりして傷んだだけなのだろうか。それでも早春の明るい林床で元気に光合成をしている。

に入ると細いブナが密生している。一見してササは見当たらない。しかし、しばらく歩くと暗い林内なのにチマキザサが増えだした。さらに歩を進めると明るいギャップに出た。ブナの老木が倒れている。種子源として残されたものだろう。倒木の周囲にはチマキザサが密生していた（図6-2）。人の背丈ほどある。ササ藪の中を歩くのは気持ちのいいものではない。再び暗い林内に向かった。そうしたら、ギャップからブナ林の内部に進むにつれてササが小さく疎らになっていることに気がついた。ギャップから一〇メートルほど離れたところまでは結構見られるが、それより離れると急に疎らになり、一五メートル以上離れると低い稈がところどころに残っているだけである。これは、どういうことなのだろう。なんだか、ギャップを中心に分布しているように見える。

ブナの章で見たようにブナの林冠木は雪解け前から葉を茂らせ、降雪の頃に落葉するので、ブナが密生すると下層の植物には光が当たらない。特に若いブナの二次林ではミズナラやホオノキ、ウワミズザクラなど他の広葉樹もほとんど見られないので、林床にはブナだけでなく他の広葉樹の実生も見当たらない。暗すぎて何も生きていけないようなところなのだ。しかし、なぜササだけが暗い林内にも入り込めるのだろうか。

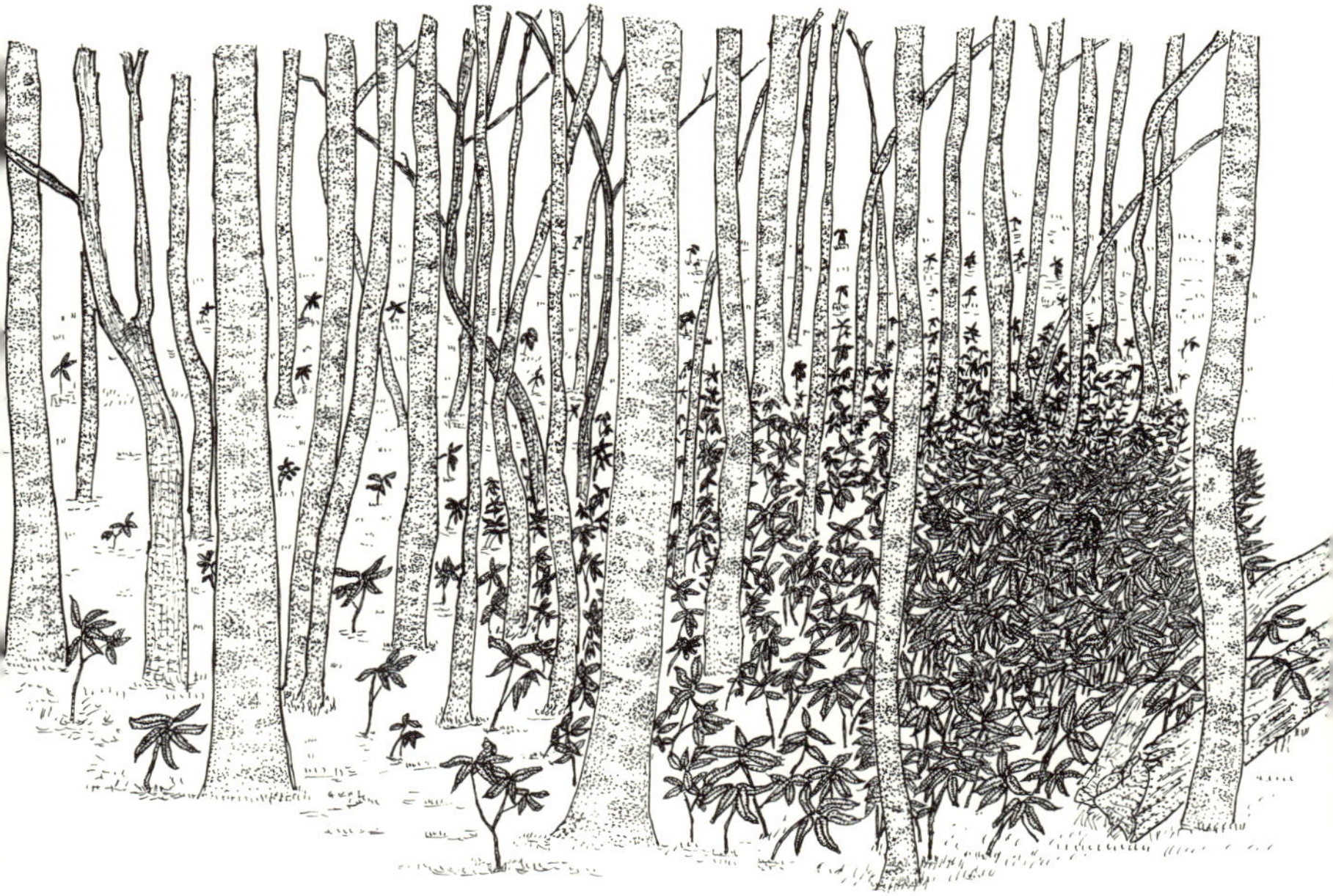

図 6-2　ギャップ周辺に広がるチマキザサ

明るいギャップを中心にササが繁茂していた。ブナの二次林に残された太いブナが倒れてできたギャップである。ギャップから暗い林内に向かうにつれササは小さく疎らになっていった。

生理的統合

ササは他の植物が生育できないような暗い林内でも見られる。多分、明るいギャップと地下茎でつながっているからだろう（図6-3）。ヒントは、西脇亜也さん（宮崎大学）との議論から出てきた。つまり「ササの一個体は暗い林内だけでなく明るい林縁やギャップなどにまたがって生育しているのではないか。そうであれば、明るいギャップで得た光合成産物を長い地下茎を通じて暗い林内の稈に送り込んでいるだろう。逆に林内に張った根から吸収した水分や養分を盛んに光合成をする明るいギャップの稈へ供給しているかもしれない」。

ササは環境の異なる広い範囲に生育することによって、養分や光合成産物をやり取りして生育しているのかもしれない。もし、このように大きな個体が〝生理的に統合〟されているのであれば、ササは暗い林内にもどんどん侵入し、かなり暗くても生きていけるだろう。一個体が地下茎などで結ばれて広い面積を占拠する植物、〝クローナル植物〟としての特性を最大限に活かしているのだろう。半信半疑だったが、まず、野外で操作実験を行うことにした。この難題に取り組んだのは大学院に進学してきた斎藤智之くんであった。ササの生態の不思議を垣間見てからは、生理的統合のメカニズムの解明に熱中した。

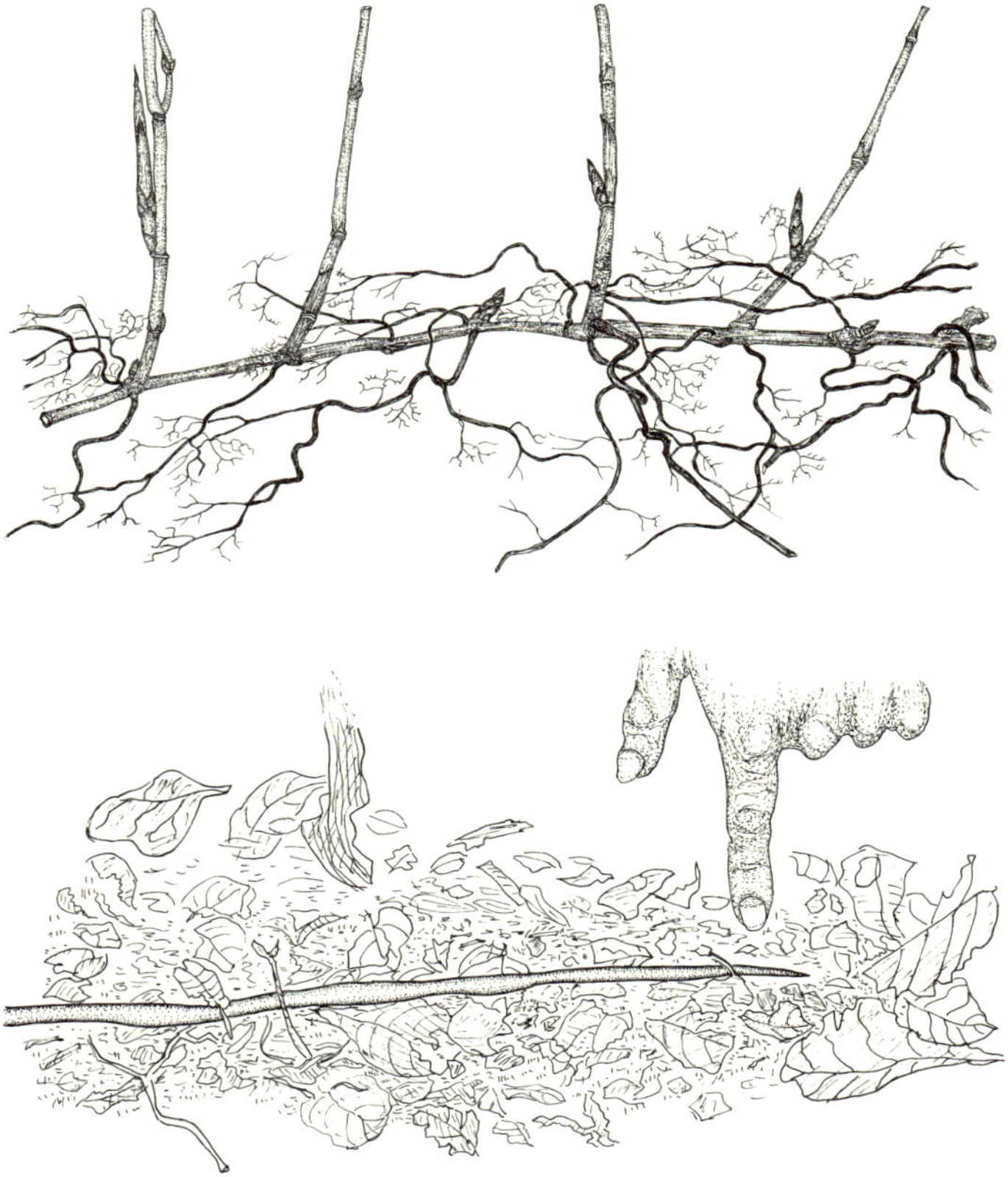

図 6-3　チマキザサの地下茎

複数の地上稈が長い地下茎で結ばれている（上）。もし１つの地上稈が暗い林内にいても、他の地上稈が明るいところにいれば、そこから光合成産物を転流させて生き続けることができるだろう。地下茎の先端は細長くすらっとしており（下）、暗い林内に向かっても伸びている。白くてとてもきれいだ。食べたら美味いだろう。

長い地下茎——ギャップから林内へ

「ササは光合成産物を明るいギャップから暗い林内へ長い地下茎を用いて転流させることによって、暗い林内でも生育できる」。まず、この仮説を検証することにした。自然林では実験が難しそうなので、ササが密生している明るい場所を探し、そこに暗い林内を模した箱（被陰箱）をかけることにした。デントコーン畑と細い川との間にチマキザサが密生する平坦地が広がっていた。そこに一×一メートルの方形区を四〇個作り、四タイプの処理を行うことにした。

まず半分の二〇の方形区で〝被陰〟処理を行った。立方体の木枠を作り黒い寒冷紗をかけて、森の林床のような環境にしたのである。もちろん寒冷紗をかけない明るい対照区も二〇個設定した。さらに、被陰区と対照区それぞれの半分（一〇個）の方形区で根の〝切断〟を行った。方形区の四辺の土壌を深さ三〇センチほどまでスコップで掘り、地下茎を切るのである。切断することによって、方形区の外から地下茎を通じて光合成産物が方形区内のササに移動してくるのを遮断できる。もちろん、残り半分の方形区は切断せず、地下茎はつながったままにした。したがって、この実験では、被陰区で地下茎が方形区の外と連結されたものと切断されたもの、明るい対照区で地下茎が方形区の外と連結されたものと切断されたもの、合計四処理となった。光合成産物の地下茎を通じた転流を証明するには次の仮説が成り立つ必要がある。

「被陰区のササは対照区よりも暗いので成長が覚束ず、個体重は軽くなる。ただし、被陰区のササでも地下茎で明るい場所とつながっている場合は、地下茎を切断された場合より重くなる」

春に方形区を設定し被陰・切断といった処理を行い、その年の秋に方形区内のササを掘り起こして重さを量った。しかし、予想とは異なり、被陰区では、地下茎を切断しようがしまいが個体重には差はなかった。明るい対照区に比べて被陰区のほうが軽くなっただけであった。斎藤くんはがっかりした。単純な試験設計であるがとても労力の要る作業が続いたからである。しかし、まだ、半分だ。来年がある。じつは、各処理一〇方形区全部は掘り起こさず、五方形区だけ抜き取ったのだ。ササはのんびりしているので、被陰や切断の影響が出てくるのは来年だろう。心配だったが、実験開始から二生育期間が過ぎた後に掘り起こすことにした。

翌年の秋、再び作業が始まった。泥だらけになって掘り起こし丁寧に洗うと、その後には根や地下茎、地上稈、葉などに切り分ける細かい作業が待っている。一週間以上も単純な作業が続いた。苦労の甲斐あって、ササの重量測定の結果は仮説通りだった。同じ被陰区でも地下茎を切断したほうでササの重さが急激に減ったのである。それに比べ、外と地下茎でつながっている方形区ではササの重さは前年とあまり変わらなかった。やはり、地下茎でつながっていることの効果が出たのである。ササは、明るいところと地下茎でつながっていれば、そこから光合成産物の補給を受けて暗いところでも生き続け、地上稈を維持し続けるのである。

一つ解決すると次の疑問が湧いてきた。せっかく稼いだ大事な光合成産物をわざわざ暗い林内に送ることにどんなメリットがあるのだろう。大した光合成もできない暗い林内であえて根を張り葉を開く必要などあるのだろうか。何もメリットがなければ、明るいギャップだけで生活すればいい。わざわざ暗いところに個体の一部を維持する理由は、何なのだろう。

長い地下茎――林内からギャップへ

地下茎をわざわざ暗い林内まで伸ばしているのは、おそらくギャップで使うための窒素など土壌の栄養塩が欲しいからだろう。ギャップでは気温や地温が高いため落ち葉や植物遺体などが分解されやすく、窒素が無機化される速度が速い。つまり植物が利用できる硝酸態窒素などの栄養塩が素早く供給される場所である。しかし、ギャップでは他のチマキザサも高密度で繁茂し、草本もブナの稚樹もところどころに見られ、明るい光を浴びて盛んに光合成をしている。多くの植物が高い光合成速度を維持するには土壌中の水分や栄養分、特に窒素を大量に必要とするので、それらは瞬く間に使い尽くされる。多分、ギャップでは土壌の栄養は絶えず不足している状態なのだろう。一方の暗い林内では植物は疎らであり、それぞれの光合成速度も遅い。土壌中の水分や栄養塩は使い尽くされてはおらず、少しずつ蓄積されている。ササはこれを狙っているのではないか。

そこで、異なる環境にまたがって生育する一つのチマキザサが、地下茎を通じて窒素の転流を行っているのかを調べることにした。暗い林内で生育する稈の根から吸い上げられた窒素が、明るいギャップで生育する稈の葉へ移動しているのか。野外環境を模した実験を温室で行うことにした。斎藤くんはまず、長い地下茎でつながった二本の地上稈を持つチマキザサをたくさん用意した。地下茎が痛まないように気をつけながら、それぞれの地上稈を別々のプランターに植えた。片方の稈は林内で生育しているように寒冷紗をかけて暗くし、もう一方の稈はギャップを模してそのまま明るいところに置いた。窒素の移動がわかるように安定同位体で標識した窒素（^{15}N）を、暗くしたプランターの土壌に入れた。別の処理では、両方の稈を明るい場所に植え、光環境の勾配のない対照区とした。さて、光環境に勾配があるほうが勾配がない場合より、土壌の窒素はより多く移動するのだろうか。二つの処理のプランターで土壌の肥沃度に違いがないように注意したことはいうまでもない。

しばらく育てた後に掘り起こして調べてみると、暗いところで与えた窒素（^{15}N）は明るいところの稈に移動していた。その^{15}Nの移動量は両方の稈を明るい場所に植えた場合より多かった。つまり、明るいギャップで盛んに光合成をすることによって、そこで使う窒素を遠く林内からも運び入れているというササの姿がおぼろげながら見えてきたのである。次に、両方の稈を明るい場所に置き、土壌の栄養塩の勾配をつけて実験してみたところ、肥沃な土壌から痩せた土壌方向への移動が見られた。

森林は資源勾配の大きいところである。ササは、それをうまく利用して生きている。つまり、一つの個体がギャップと林内にまたがって生育することによって、ギャップでは豊富な光で光合成をしてそれを林内に送り込む。逆に、林内に張った根からは水分や土壌の栄養塩を吸い上げ、ギャップの地上稈に送り込む。ギャップの地上稈は送られてきた水や窒素を利用して盛んに光合成をして大きくなり、それをまた林内に送っているのである。このような個体内での光合成産物や土壌の栄養塩の双方向のやり取りによって、個体として生き残っていこうとしているのだ。ササはどちらか片方の環境だけで暮らすよりも、異なる環境にまたがることによって光合成産物や土壌養分をやり取りしながら生きているのである。もし、そうだとすれば、野外ではササは異なる環境にまたがることによって大きく成長しているのかもしれない。斎藤くんはさらに解析を進めた。

またがることによって大きくなる

ササはギャップと林内にまたがって生育したほうが、ギャップだけよりも大きくなれるのかもしれない。ギャップだけでは光環境は良いものの養分はすぐ不足する。クローナル植物としての得意技、〝不均一な環境にまたがっての資源のやり取り〟を活かすことができれば、またがることで、より大きくなっているのかもしれない。そう考え、ササの一個体はどこでどのようにつながって、大きくなっているのかを調べることにした。しかし、掘り起こすには労力が要る。そこで、ＤＮＡでクローン識別をすることにした。八甲田の若いブナ林のギャップを中心に大きな方形区を作り、そこをさらに細かい区画（メッシュ）に分けてそれぞれから葉を採集し、ＤＮＡで個体識別したのである。すると、俄然面白いことがわかってきた。チマキザサはギャップを中心に大きなクローンを作っていたのである。一番大きな個体はギャップと林内にまたがって生育している個体だということがわかった。ギャップだけで生育する個体もあったが、それはまたがっている個体よりも小さかった。もちろん、林内だけで生育している個体もあったが、これは極めて小さく、衰退している個体だと考えられた。

チマキザサはあえて環境が異なる場所にまたがって生育し、地下茎を通じて積極的に物質移動を行うことによって、より大きく成長していることが明らかになった。樹木の母親たちにとっては感心してばかりもいられない。なかなかしぶとい難敵であることがわかってきたのである。

ヨシカレハ

生物界には「密度効果」とか「密度依存的死亡」という基本則がある。植物でも動物でも個体群の密度が高まると個体間の競争が激しくなったり、病気が蔓延したり、また、植食者（捕食者）が大挙して押し寄せたりして個体の死亡率を高め、個体群は衰退していく。とはいえ、これは密度調整をするだけで、その個体群は全滅せずに生き延びていくのである。しかし、長年森を歩いているが病気や植食性昆虫によってササが集団で枯死しているのを見たことがない。高密度のまま、何十年も病気にもならず、虫にも食われず生き延びている。

「そんなことは、ないやろう」と言いながら、北海道林業試験場時代の研究室のボス、菊沢喜八郎さんと昆虫研究室の東浦康友さん（元東京薬科大学）は小さな幼虫をシャーレにいっぱい入れて持ってきた。「これはササを食うヨシカレハという昆虫の一齢幼虫だ。終齢まで飼育して、食べられた葉の面積と糞の重さを毎日調べてみ」ということであった。それから、毎日、新しいクマイザサの葉を採ってきて幼虫に食われる前と後の葉の面積を調べた。糞の重さも測った。詳しいことは忘れたが、随分と大きく育ったもののあまりササを食わないことがわかった。よほど大発生しない限り、ササを食い尽くすのは無理だろう、というのが結論だった。それに、ほとんど大発生などしないらしい。なんでササはこんなに強いのだろう。

ササはコントロールするにはかなり手強い植物である。暗い林床でも春の光やギャップの光を利用し繁茂している。それに普通いるはずの天敵もいない。しかし、おぼろげながら推測できるのはササが今はびこっているのは、やはり人間が木を伐りすぎたせいではないかということだ。その証拠に老熟した保護林の中心部では少ない気がする。老巨木の近くでもササは見られるものの、パラパラとしかいない。やはり、森林をもう少し成熟させていくしかなさそうだ。そこから少しずつ抜き切りしながら利用するような林業が大事だろう。林業の本来のやり方は、逆にササが教えてくれているのかもしれない。

積丹半島の西海岸のチシマザサ

同じササの仲間でもチマキザサに比べ、チシマザサのタケノコは大きくおいしさも最上級だが、そのやっかいなことも最大級だ。まだ積丹《しゃこたん》半島の西側に道路がなかった頃、神恵内《かもえない》から一週間ほどかけて半島の先端まで友人らと歩いた。歩いたというより断崖の一番下の岸壁を〝へつり〟ながら進んだ（へばりつくようにして横に進んだ）。壁を横に進めないときは、海にドボンと飛び込んで泳いで横切った。最後に崖を横切る踏み跡らしいものがあったので恐る恐る渡ったところ、小高い丘の上に着いた。はるか下のほうに半島の先端の道が見えた。やっと着いた。そう思って前に進もうとしたが、高さ二〜三メートルもある太いチシマザサが密集していて歩けない。何度ササ藪に入っても跳ね返される。進めない。さて、困った。しばらく呆然としたのを覚えている。無理しても進めないし、戻るのも怖い。どうにかして道を探すことにした。それから手分けして道を探し、下の道路に降り立ったときは暗くなっていた。疲労困憊したが、チシマザサがすさまじい難物であることをそのとき初めて教えられた。

今は西海岸にも道路が通って簡単に半島を巡ることができるようになった。それは半島に住む人にとっては朗報だったのだろうか。道路がない荒々しい自然景観のほうが圧倒的に人を惹きつけるだろう。手付かずの自然のほうが、地元の人たちが長く住み続けるための永続的な〝資源〟だったことに誰か気づいているのだろうか。半島の付け根には泊《とまり》原子力発電所もある。のどかで豊かだった積丹半島の豊かな自然が蝕まれていく。人間たちはどんな未来が良いと思っているのだろうか。崖の上でチシマザサが心配している。

Column 3

季節の隙間を利用する——小さくても諦めない

林冠木に先んずる

夏の晴れた日に明るい林道から広葉樹林に一歩足を踏み入れると、木漏れ日がとても目に優しく感じられる。しかし、林床で過ごす小さな植物にとって、緑陰はむしろ過酷だ。林冠に到達すれば年中光を満喫できるのに、大人になっても林床で過ごさざるを得ないので、自らの力ではどうしようもない。

しかし、林床に棲む背の低い植物たちは不遇な環境をくどくど愚痴ることはない。「どうせ、暗いのは林冠木が葉を茂らせているときだけだ。あとは明るい」。季節の隙間を狙ってうまく生きている植物が思いのほか多いことに驚かされる。カタクリやニリンソウなどの春植物は雪解け直後に花を咲かせ種子を成熟させ、林冠木が開葉し暗くなる前に種子を散布し終え地上部を枯らしてしまう。ナニワズやフッキソウ、ヒメアオキなど常緑の低木たちは春と秋の束の間の陽光を大事にしている。ブナの稚樹も雪解けから降雪まで暗いブナの直下を避け、開葉時期の遅いミズナラやホオノキの開葉前に光を獲得していた。

イタヤカエデやヤマモミジ、ハウチワカエデなどカエデ科樹木の芽生えも同じだ（図コラム3①②③）。特にイタヤカエデは雪の合間から発芽するほど早い。芽生えが顔を出す

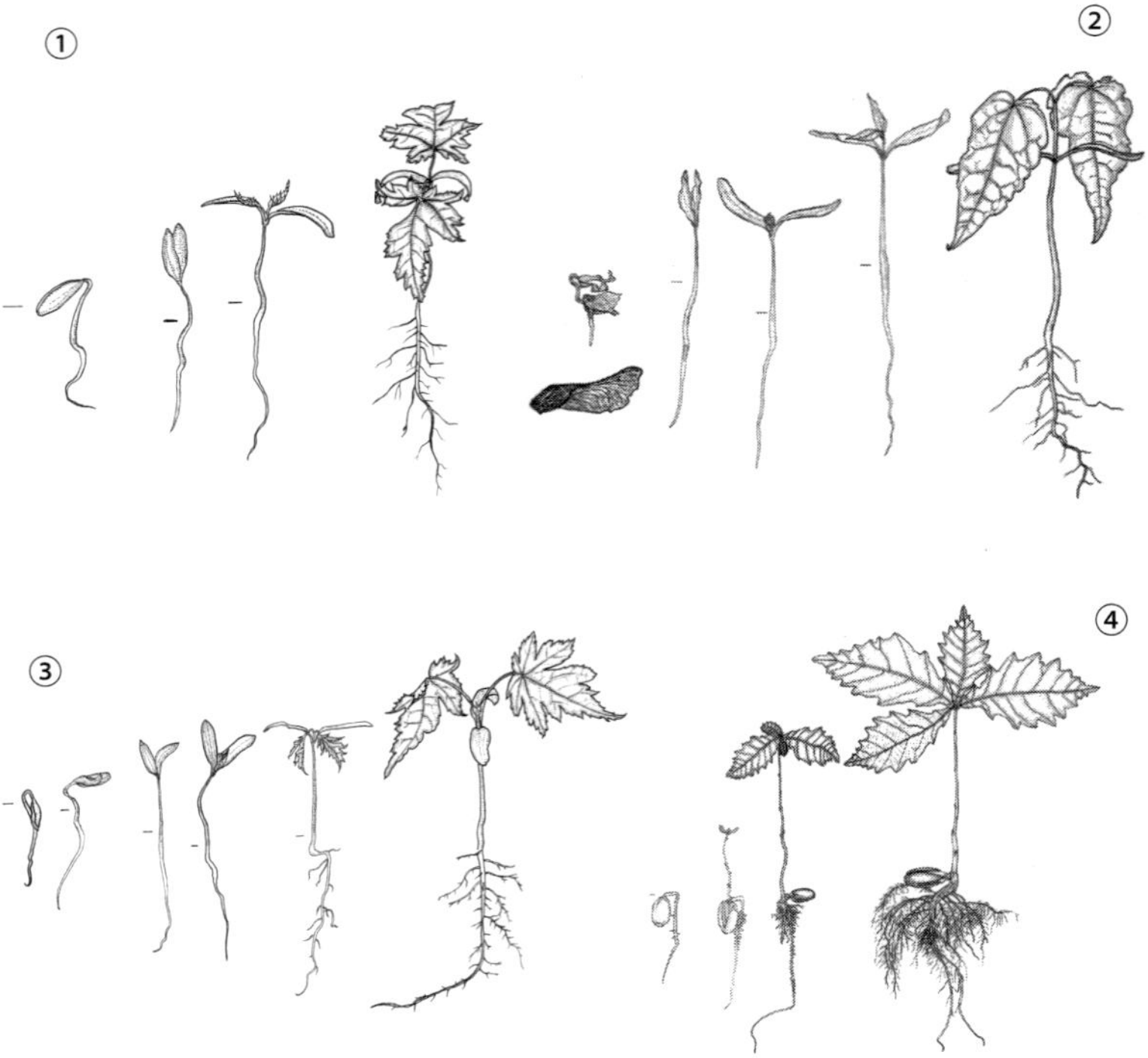

図コラム３　さまざまな芽生え

①ハウチワカエデ、②イタヤカエデ、③ヤマモミジ、④ミズナラの芽生え

のは林冠木が開葉を始める一〜二ヶ月も前だ。まだ、空気が冷たい頃子葉を開き、明るい光を浴びて盛んに光合成をし丈夫な体を作り上げる。体内に防御物質を溜め込み天敵への防御を固めるのである。カエデ科の実生は早く発芽した個体ほど生存率が高い。遅く発芽すると防御が未発達な上、無脊椎動物や土壌病原菌などさまざまな天敵の活動が活発になり攻撃されやすいからである。

二年目以降はのんびりと

　面白いことに、最も早く葉を開くのは当年生の芽生えであり、翌年からは背丈が伸びていくにつれ開葉のタイミングが遅れ始める。なぜだろう。林床から林冠にかけて上の層に行くほど森林内の光が強くなるので、背丈が高くなるにつれて葉を開くのが少しくらい遅れても気にならないほど明るくなるからだろう。そして林冠に辿り着いた成木が一番遅く葉を開くのである。このように春先に早く発芽し生育するとともに遅くなるというパターンは、遷移後期種の多くで見られる。

　ただ、ミズナラは少し違う（図コラム3④）。芽生えが地上に顔を出すのはカエデ類よりはかなり遅い。それでも種子に蓄えた大量の養分を小出しにして発芽した当年は生き延びることができる。しかし、面白いことに一年生の実生は春早く葉を開くようになる。二〜三年生でも同じように早く開葉するが、しだいにそのタイミングを遅らせていくのである。大きくなれば林冠で潤沢な光を享受できる高木も、子供時代はどうしても暗い林床で過ごさざるを得ない。だから、小さいときほど早く葉を開くのだろう。春は林床で暮らす小さな植物にとってとても大事な季節なのだ。

雪解け間もない広葉樹林に行ってみよう。さまざまな木々の芽生えや稚樹たちが柔らかい色合いの葉を開いている。カタクリやニリンソウも咲いている。春の林床は色彩に溢れ、生きる希望に満ちている。

第3章

林冠の攪乱を待つ

老熟林をしばらく歩くと必ずギャップに出会う。ギャップとは木が倒れたり、枯れたりしてできる森の明るい隙間のことである。若い二次林の調査では古木や老木がほとんどないのでめったに見ることはない。しかし、保護林のような巨木が多い老熟林の調査では必ずギャップに遭遇する。

ギャップのでき方はさまざまだ。沢筋を歩いていると巨大なトチノキが横たわっている。台風で根こそぎひっくり返されたのだ。土が大きくえぐられ、根の周囲では鉱質の土壌が裸出している。少し斜面を登ると、今度はミズナラの太い幹が地上一、二メートルの高さでボキッと折られている。その下敷きになってヤマモミジやコハウチワカエデが地面に寝ていた。折れた幹をのぞき込むと中は空洞だ。少し歩くと、今度は直径一メートルもあるブナが立ったまま枯れている。サルノコシカケがびっしりと並んでいる。腐朽菌などによって枯れてしまったのだろう。見上げるとアカゲラがせわしなく動き回り、昆虫の幼虫を長い舌で絡め取っていた。森の中はだいたい一様に暗いと思われるだろうが、老熟林では絶えずギャップができ、あちこちに明るい隙間ができているのである。

　ギャップは必ずしも余命少ない老木の死によってできるものだけではない。大型の台風や地滑り、それに山火事などによって広い範囲の木々がなぎ倒されたり消失したりしてできる大きなギャップもある。ただ、ギャップが大きくなるほど、できる頻度は低くなるようだ。このようなギャップに依存して発芽・成長し、花を咲かせる樹種は多い。植生遷移の初期過程で見られるので「遷移初期種」、あるいは明るい環境で更新するので「陽樹」と呼ばれている。また、小さなギャップに依存する種は「ギャップ（依存）種」と呼ばれることもある。

　本章では日本の森の大小の隙間で生きる四種を紹介したい。ギャップで白い花を咲かせるノリウツギ、深い土の中からギャップを感知して発芽するコブシ、美しい葉群を持つキハダ、そして愛すべき無骨さを持つアカシデである。彼女ら彼らの語る言葉に耳を傾けてみよう。

ノリウツギ——糊空木

夏の訪れ

　ノリウツギの花は純白である。なめらかな感じのするやわらかい白である。近くに寄るとても清楚な感じが伝わってくる。白が際立っているのは四枚の萼片《がくへん》からなる中性花であり、本当の花は中央にたくさん集まっている小さな両性花である（図7-1）。

　両性花が満開になるとノリウツギは白い大きな塊のように見える。背は低いのに遠くからでもよくわかる。だからだろう、いつ見ても両性花にはたくさんの昆虫が集まっている。虫たちの羽音に包まれたノリウツギの白い花は北国に夏が来たことを教えてくれる。

　白いアジサイのように見えるので、野山を歩き回る人なら見覚えがあるだろう。森の縁や湿地の

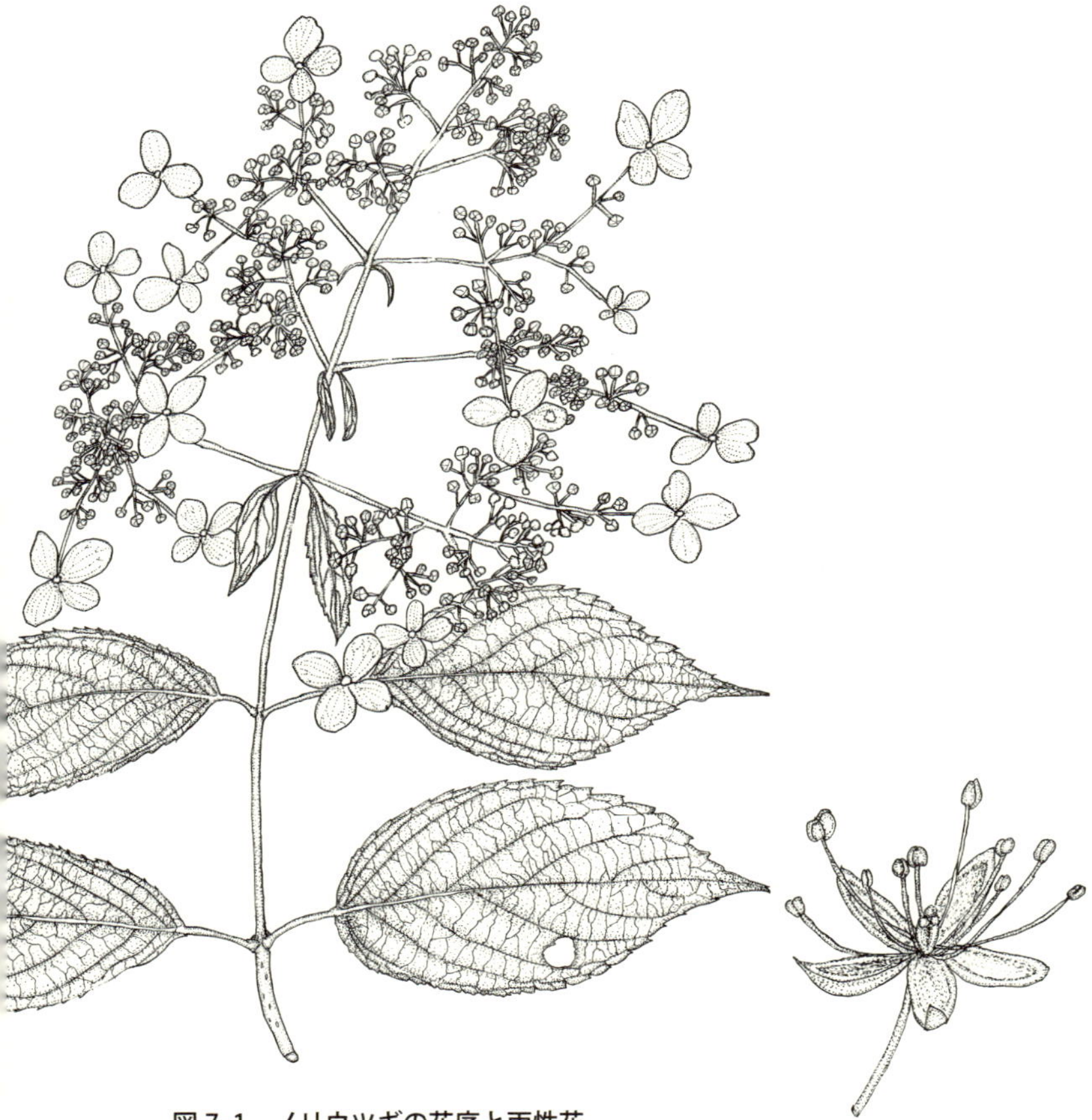

図 7-1　ノリウツギの花序と両性花

庭のノリウツギが白い花を咲かせた。近くに寄ってみるとまだ蕚片が発達した中性花が咲いているだけで、小さな両性花は蕾だ。しばらくすると両性花も咲き始めた。3つに分かれた小さな柱頭を囲むように短い雄しべが5本、長い雄しべが5本交互に見られる。雄しべも花弁も蕚片も真っ白だ。アズキナシ、イタヤカエデ、コハウチワカエデ、ハルニレ、カヤなど濃い緑に囲まれ白さが際立っていた。

はずれなど明るい場所でよく花を咲かせている。家の裏の田んぼ跡の斜面でもコナラやクリの稚樹に負けまいと八方に枝を伸ばし、白い花を咲かせている。このように明るいところに棲む樹木だと思っている人が多いだろうが、この樹が並外れた可塑性《かそせい》を持つことを知る人は少ない。暗い森の中でも姿を大きく変えて生き延び、ギャップができるや否や花を咲かせ種子を飛ばしている。ここでは、ブナやミズナラの巨木がそびえる奥深い森で変化自在の生活を送るノリウツギの一生を追ってみよう。

森の隙間で花を咲かせる

ノリウツギの生き様をつぶさに観察したのは、大学院に入学してきた菅野洋くんである。大学一年のときから宮城教育大学の平吹喜彦さんに連れられ栗駒山のブナ林を歩いてきた。大学院の面接で「ノリウツギを研究したい」と断言したのには驚いた。ブナ林でノリウツギ！　その目のつけどころに驚いた。栗駒のブナ林には、直径七〇〜八〇センチの太いブナが林立し、時に直径一メートルを優に超えるミズナラの巨木が偉容を誇っている。太いホオノキやウワミズザクラなどの老木も混じる。とても落ち着いた森である。木々の下に座り込むと時間が止まったような気分になれる、数少ない場所である。

図 7-2　ギャップで大きく伸びたノリウツギ

随分と高く伸びている。樹冠の上のほうで花を咲かせている。根が浮いたようになっているので落ち葉をどけてみたら、大きな岩を根が掴んでいた。苔むした岩の上で発芽したものだろう。幹が随分とデコボコしているのは、波瀾万丈の来し方を物語っている。今、ようやく花を咲かせホッとしているところなのだろう。

ノリウツギを探して暗い森の中を歩いていると、急に開けた場所に出た。明るい。太いブナが立ったまま枯れている。見上げると林冠にギャップができ、強い陽の光が林床まで差し込んでいる。それまで暗い林床で耐えていたさまざまな樹種の稚樹たちが成長を始めていた。その中で最も大きいのがノリウツギだ。驚いたことに高さ七メートルほどに達していた（図7-2）。ギャップへの応答が特に速いのだろう。

ノリウツギは白い花を咲かせていた。純白の花は深い森の中では透き通って見える。秋には果実を実らせ小さな種子を散布するだろう。老熟林の小さな隙間でノリウツギは一生で一番充実した時を過ごしていた。

傾く幹

花咲く日々は夢のように過ぎていく。ギャップを取り囲む林冠木がしだいに枝を伸ばしてくる。ギャップはみるみる間に小さくなる。ノリウツギは背の低い木だ。どう頑張っても明るい林冠に届くことはない。先端の葉にもだんだん光が差し込まなくなってきた。その後、ノリウツギは想像もつかないような振る舞いをする。

垂直に立っていた幹を斜めに傾け始めたのである。そして斜上した幹から何本もの細い枝を真上に伸ばし、それぞれに葉をたくさんつけている（図7-3上）。幹を斜上させるのは垂直に伸ばしたそれぞれの枝の葉が互いに重なり合わないようにするためである。なるべく多くの葉を展開し、弱くなった光を少しでも広い面積の葉で獲得しようとしている。

それだけではない。ノリウツギは光の強さに応じて葉の形や光合成特性も大きく変えている。ライカ製の高価な光合成測定装置を担ぎ上げて調べてみた。ギャップができてしばらくは葉を分厚くし、強い光を当てるほど光合成速度も速くなった。強い光をうまく利用することによってたくさんの花を咲かせ種子を成熟させているのだろう。しかし、ギャップが塞がり暗くなるにつれ、葉を薄く平べったくしていく。光合成速度も弱い光で最大になった。暗くなりつつある環境に適応した葉に作り替えているのである。

明るいギャップで大きく育ったノリウツギは、しだいに暗くなる林床で姿形も葉の機能も大きく変えていく。林冠に棲む高木の振る舞いには身を任せるしかない。儚《はかな》いように見えるが予想はしていたのだろう。傾きかけた太い幹には一生の一大事である種子の散布を成し遂げた、むしろ満足感のようなものが感じられる。

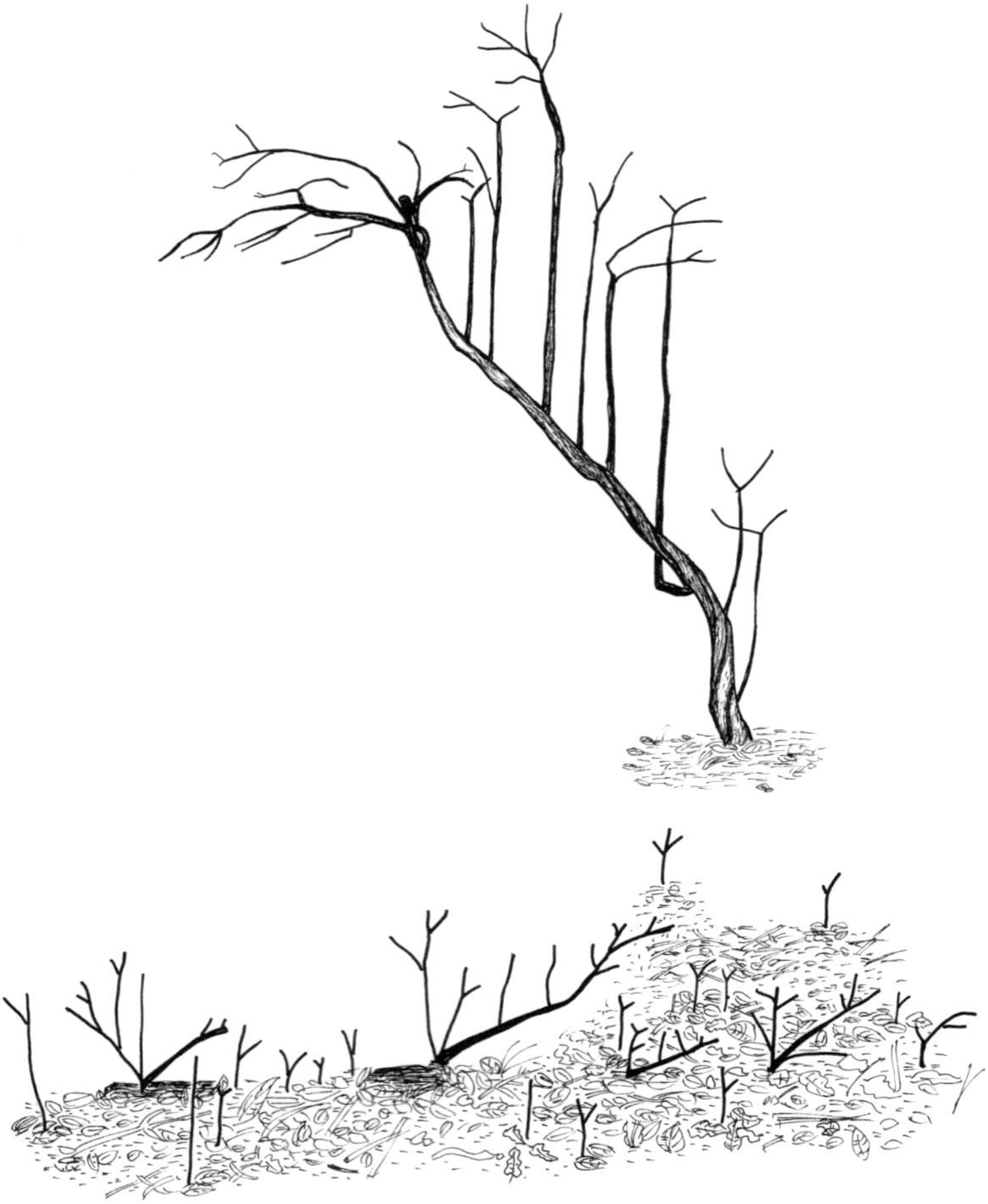

図 7–3　傾斜し、接地し、分断化する

林冠木の枝が広がりギャップが小さくなると、ノリウツギは幹を傾け始める（上）。さらに、ギャップが塞がって暗くなると地面に接地する。やがて幹が腐り、分断化し始める。その後、幹の部分は跡形もなくなり、たくさんの小さな個体に分かれていく（下）。

分身の術

林冠に空いた隙間は完全に塞がった。また元の暗い林床に戻ってしまった。幹はさらに傾いていく。地面に限りなく近づき、しまいには倒れ込んでしまった。すると、接地した幹から多数の細く短い枝を垂直に伸ばし始めた。もちろん互いに被陰しないように葉を配置している。

それからどれくらいの時間が経ったのだろう。暗い森の中で太い幹はしだいに腐り始めていた。幹だけが腐り、地上に伸びた細い枝と地下部の根は生きている（図7-3下）。つまり、一つの大きな個体はしだいにたくさんの小さな個体に分かれていくのである。最終的には幹はすべて消えてなくなり、根と細い垂直の枝（のちにこれが主軸になる）についた平べったい薄い葉だけの姿になってしまう。一つの樹が数十個体に分かれてしまうのである。ノリウツギは暗くなると最後の最後には分身の術を使うのだ。随分と大胆な行動に出るものである。なぜ、こんな術を使うのだろうか。

それは、細々とでも生き延びるためである。少なくなった収入に見合うように支出を抑えているのだ。ギャップができて明るいのは、ほんの束の間だ。ギャップが小さくなり周囲が暗くなるにつれて光合成効率も悪くなる。いくら幹を傾け多くの葉を上向きに展開しても光合成量（収入）はどんどん減ってくる。しかも、幹は太いままなので呼吸消費量（支出）は多いままだ。収入よりも支出が過ぎれば家計は維持できない。そうなるとノリウツギは自らの幹を腐らすようになる。なるべく幹の部分を少なくして支出を減らすことによって収入の減少を補い、収支のバランスを保とうとするのである。自然に逆らわない堅実な、そして賢明な生き方である。

驚くのはまだ早い。その後もノリウツギの変身は続いたのである。それは暗い林内で、ギャップを待ちながら生き延びることが如何に難しいかを示していた。

したたかに生きる――無性繁殖

林床が元通りに暗くなった今、再びギャップができるのはいつなのだろう。一〇〇年後か、それ以上かもしれない。そうなるとノリウツギは〝したたか〟である。地表にへばりつくように数枚の葉が見えるだけの小さな姿になった後、どれくらいの時間が経ったのかはわからない。しかし、さらなる変化は想像を超えていた。分断化に飽き足らず、今度は地下茎を伸ばし始めたのである。そして地下茎の先から再び地上幹を出すようになる（図7-4）。つまり、積極的に無性繁殖を始めていたのだ。ギャップ形成時には一本のノリウツギの開花個体があった場所の周辺には多数の小さな個体が存在するようになる。つまり、分断化されたクローンに加え、その後無性的に繁殖したクローン個体である。ノリウツギは暗い林内で耐え忍ぶだけでなく、分身を増やしているのである。明るい法面《のりめん》で白い花を咲かせている可憐な姿からは想像もできないようなしたたかさを持っている。

図 7-4　地下茎を伸ばし無性繁殖するノリウツギ

ブナ林では一旦ギャップができると、次は早くとも 100 年後である。その間、ノリウツギは極力地上部の同化器官を減らし呼吸量を減らす。さらに、それに飽き足らず、地下茎を伸ばして無性的に繁殖を始める。ひょっとしたら、広い面積を占めるようにして、ササのように光の当たっている部分から暗い部分へ同化産物の転流をしながら生き延びているのかもしれない。

どこでも生きていける生命力に満ちた木なのである。

再びギャップに巡り合うまで

ノリウツギは暗い森の地べたにへばりつくようにして次のギャップを待っている。ギャップを待ちきれずに死んでいく個体も多いに違いない。あるいはギャップに遭遇し大きく育っても、開花に至る前に暗くなってしまうこともあるだろう。そういうときは、また振り出しに戻るのだろう。運良く、頭上でブナの老大木が大往生したことを早く察知したものだけが、わずかの期間に大きく伸び花を咲かせ、タネを飛ばすことができるのだろう（図7-5）。

林床で待機する多くの兄弟たちのたった一つでも花を咲かせることができれば命はつながれていく。もし、それが叶わなくても、新しく散布したタネのうち、誰かがいつか大きく育ってくれることを祈りながら、また、みるみるうちに小さくなってしまう。そして、再び、いつ訪れるともわからないギャップを待つのである。一寸先も読めない苦労の多いノリウツギの一生である。とはいえ、華のある生き方でもある。初夏のブナ林に行ってみよう。ノリウツギが白い花を咲かせているかもしれない。

図 7–5　ノリウツギの冬芽と葉の展開
明るいところでは葉を次々と展開して大きくなる。一対ずつ出していく。幹は重いのに当年生枝は軽い。中にはスポンジのような髄《ずい》がある。

芥《け》子《し》粒《つぶ》のような芽生え

ノリウツギの種子はとても小さい。幅一ミリ、長さ三〜四ミリほどしかない。目を凝らしてよく見ると細長く薄い翼がある（図7-6上）。強い風が吹くと丸い壺のような蒴《さく》果《か》からたくさんの種子が溢れ出てくる。どこに飛んでいくのだろうか。一個の重さが〇・〇七ミリグラム、シラカンバの三分の一ほどだ。こんな小さなタネが発芽し定着できる場所などあるのだろうか。どこに芽生えがいるのだろうか。菅野くんは目を皿のようにして探し始めた。

「あった」。ギャップを作った倒木の根元のあたりだ。ブナの大木が倒れると広く浅く張った根が土壌をひっくり返し、新鮮な鉱物質の土壌が剝き出しになることが多い。その表面に小さなノリウツギの芽生えが見られた（図7-6中）。しだいに目が慣れると芽生えはあちこちにいくつも見られるようになった。地面に横たわった倒木の苔むした

図7-6　ノリウツギの種子と芽生えと倒木上の実生

種子は長さが3〜4mmほどで、両端に細い翼がある（上）。あまりにも小さいので、一個一個つまむのが大変だ。子葉はとても小さいが前より少しだけ大きな本葉を出して成長していく（中）。この芽生えは明るい苗畑で発芽したものを描いた。林内のギャップでは展葉数はもっと少ない。
ブナの巨木が根こそぎ倒れ一つの命が尽きたとき、その場所で、ノリウツギは大きく成長し花を咲かせ種子を作り、新しい芽生えが顔を出す（下）。老いがきて命が尽きても、それによって別の何かが生まれてくる。たとえそれが、他の樹種の子供であっても構いはしない。森の命のつながりが排他的ではないことを感じさせる風景である。

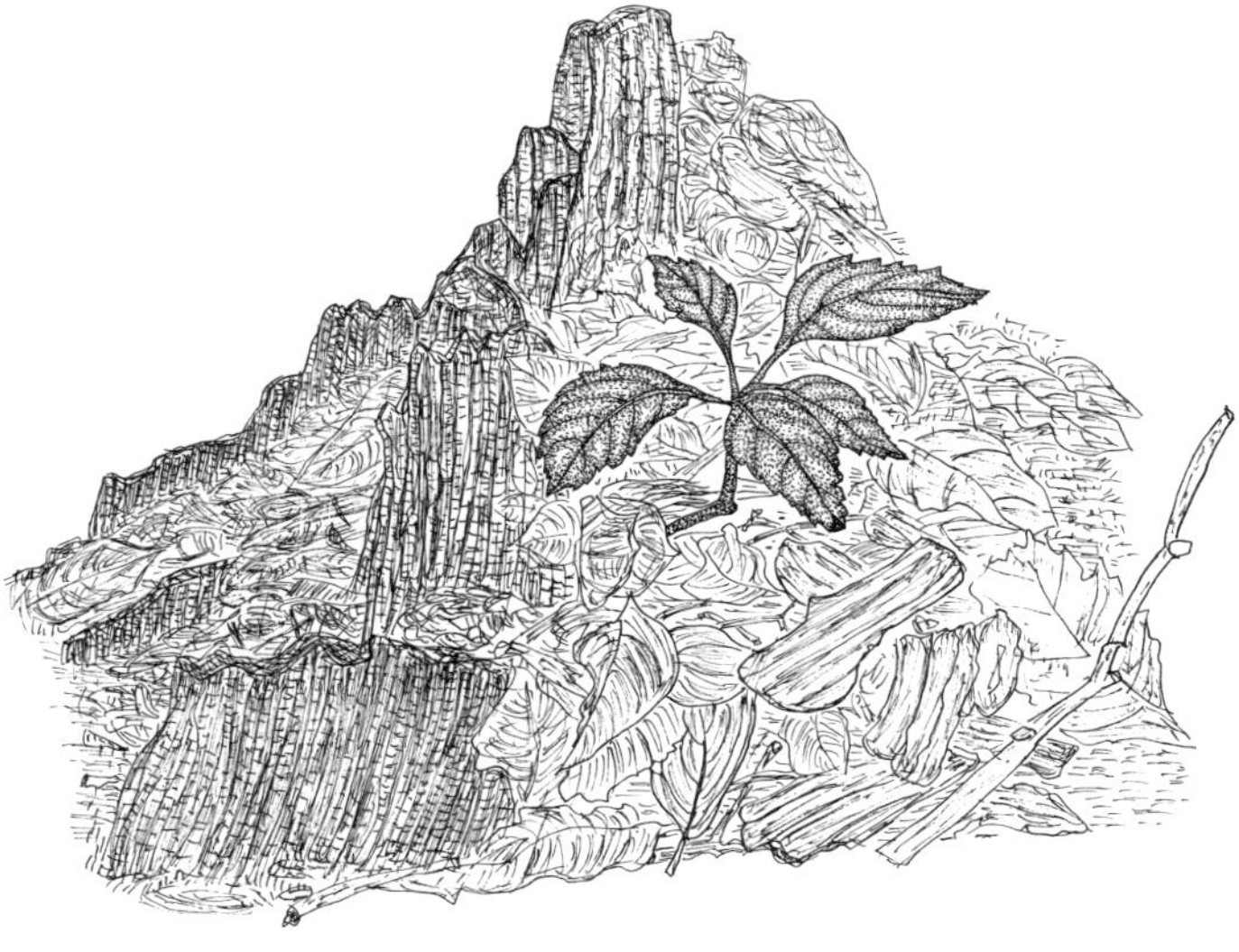

幹の上にもたくさんの小さな実生が見られた（図7-6下）。大きな岩石に生えた苔の上にもいる。鉱質土壌や倒木、岩石に共通するのは「落ち葉が積もっていない」ということだ。ノリウツギのタネはとても小さいので分厚い落ち葉の上では、発芽しても根は落ち葉を突き破れず乾燥して死んでしまう。また落ち葉の下でも発芽できない。ノリウツギの種子の発芽には強い光、つまり高い赤色光／遠赤色光比が必要だが、落ち葉の下では赤色光が届かずこの比率が低くなるからである（コラム4参照）。ノリウツギの更新にはギャップができて光環境が好転するだけでなく、落ち葉も除かれないとダメなのである。両方を同時に満たす場所は森の中では極めて稀で、そんな場所ができるちょうどそのときに種子散布のタイミングを合わせてくるノリウツギはじつに賢いと言える。

真冬の花

真冬、花が咲いているように見える。乾いた中性花である（図7-7）。和紙のように半分透けて春まで落ちない。種子が飛んでしまって抜け殻になった蒴果もたくさん残っている。よく見るとその先端には三個の柱頭がついている。アジサイも中性花が春まで残っている。アジサイの仲間は一年中、花を楽しめる。

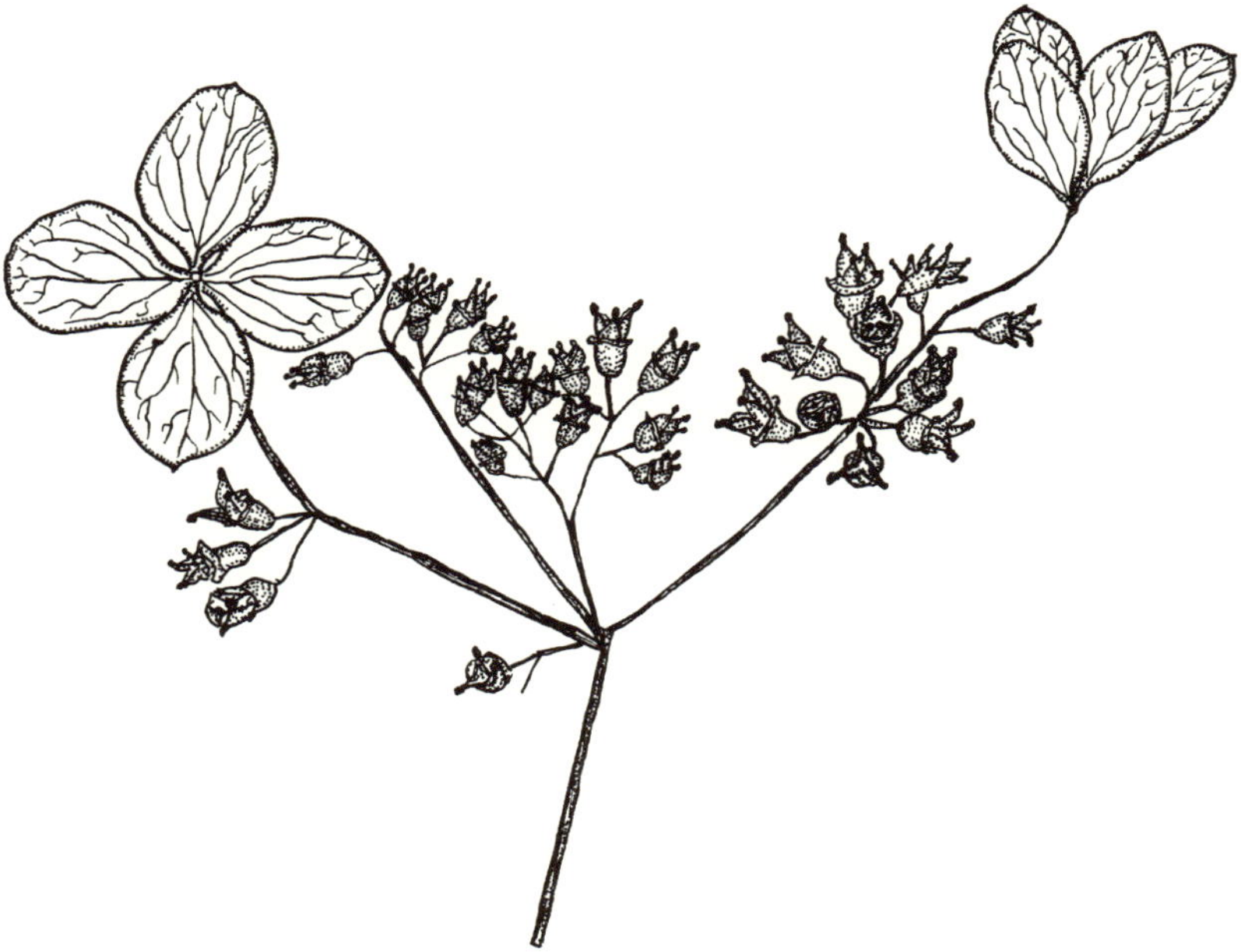

図 7-7　真冬の中性花と果実、冬芽

雪が降る日の中性花もなかなかきれいなものである。中が空っぽの果実がたくさん集まり花を引き立てている。

杖を作る

毎年、少なくとも一〇回は田代川というきれいな渓流を渡る。両岸の扇状地には高さ二七～二八メートルほどのハルニレが見られ、サワシバやヤチダモ、サワグルミなどが混じっている。さらにもう一段高い平坦地にはミズナラやトチノキ、ウワミズザクラやイタヤカエデなどが見られる。今では鬱蒼としているが、二十数年前には人の住んだ痕跡があった。母屋の基礎や畑の畝《うね》の跡が見られ、春には水仙が咲いていた。鳥獣保護区となった今ではクマやカモシカが歩き回っている。もう、どこにも生活の気配はない。

耕作を放棄した後にタネが飛んできたのだろう。ここにはノリウツギもたくさん見られる。しかし、主幹は太いがまっすぐ伸びているものは一つもない。すべて幹が斜めに傾いている。多分、開花・結実した後、周囲の高木性の樹木が成長し暗くなったため、主幹を傾け始めたのだ。そこから複数の細い幹が二メートルほどの長さでまっすぐ上に伸びている。「ちょうど良い」。

二風谷《にぶだに》のアイヌ記念館の館長だった萱野茂さんの著した大著『アイヌの民具』を思い出した。ノリウツギは丈夫な杖になり、彫刻を施して贈り物にしていたという。早速、鉈《なた》で切って杖を作った。秋だったが樹皮は簡単に剝けた。強靱なのにしなやかだ。手に馴染んでずっと友達でいてくれそうな気がする。

アイヌの人たちの樹木に関する知識は役に立つ。真似して作った木の道具は合理的で美しい。木で作られた手作りの道具に囲まれた生活は楽しい。

コブシ —— 辛夷

春の訪れ

春早く、曲がりくねった渓流沿いを歩く。広く低く扇状地が発達している。平坦な砂混じりの大地が柔らかい。少し沈む足元から漂う土の香りが新鮮だ。林冠の葉はまだ開いていない。林床はとても明るく、イタヤカエデの芽生えがハート形の本葉を一対開いている。人の背丈くらいのウワミズザクラやミズキの稚樹も若葉を開き始めている。森が下のほうから薄緑に染まっていくのがわかる。目線を上げるとコブシの花が咲いている。薄い水色の空を背景に白い花が浮き立っている（図8-1、8-2）。

コブシは街路や公園でよく見かけるが、花は森の中で見るのが一番だ。街のコブシは樹冠一面に

図 8-1　コブシの白い花

春の森で他の木々が葉を出す前に咲く。水色の空を背景に一つひとつの花の白さが際立っている。この白さは春の森の毎年の楽しみである。

図 8-2　渓流沿いのコブシの木
渓流沿いの一段高いところにコブシの木が多い。多いと言っても互いにかなり離れている。花見をして、しばらく歩くとまた遠くにコブシが見えてくる。

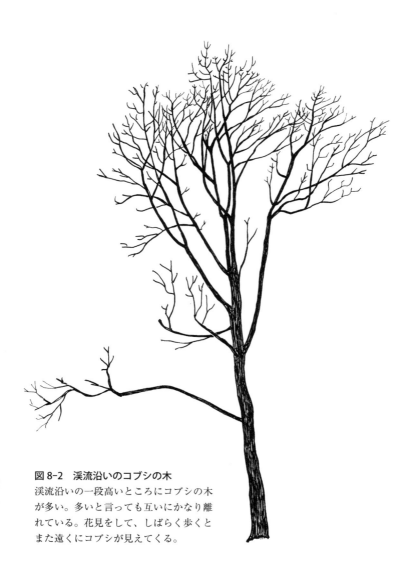

図 8-3　コブシの冬芽と開葉
幼葉はビロードのような芽鱗に包まれている。葉はゆっくりと1枚ずつ開いてくる。

隙間なく花を咲かせる。しかし、森の中では花は互いに少し離れて咲く。だから一つひとつの花の形がよくわかる。純白の蕾、花弁が開き始め薄いピンクがにじんだもの。それに花弁が開ききって輝いているもの。一つひとつの白が春の淡い青空に浮かんでいる。とても清らかな感じがする。

コブシの花盛りは一瞬だ。樹全体が真っ白になる日はあっという間に過ぎ、柔らかそうな冬芽から、これもまた柔らかい葉が開き始める（図8-3）。

赤と黒

雨は秋の森を暗くする。薄暗い川沿いの森を歩くとコブシの果序が落ちていた。握り拳のような形をしている（図8-4、口絵）。果序には小さな袋果が並び、それぞれに赤い果実が入っている。見上げるとコブシの母親が不本意な顔をしている。「鳥が食べてくれなかった」。袋果が半開きのまま果序ごと地面に落ちていた。これでは中の種子は発芽できない。そのまま、すべて腐ってしまうことが多い。実際、親木の周囲を調べてもコブシの実生は見当たらない。

袋果が開くと果実の見栄えが急に良くなる。袋果のピンクを背景に、種子を包む仮種皮の赤が際立ってくる。その華やかなコントラストに鳥が惹きつけられるのだ。コブシの種子は鳥によって遠くに運ばれたものだけが発芽し、そして大きく生育できるのだろう。

もし、親から遠いところに散布された子供たちだけが大きくなれるとしたら、天然林ではコブシの木はお互いに離れて分布するようになるだろう。実際、春先に遠くの山を望むとコブシの花が小さな白い塊となって、ポツンポツンとお互いかなり離れて立っているのがよくわかる。桜の薄ピンク、イタヤカエデの黄色などと混じりながら春霞に浮き出ている。

温度変化でギャップを知る

コブシの親も責任感が強い。ただ種子を作って、あとは鳥に任せるといったことはしない。子供がちゃんと育つよう、時期と場所を選んで発芽できるようにしている。種子は休眠させたまま鳥に

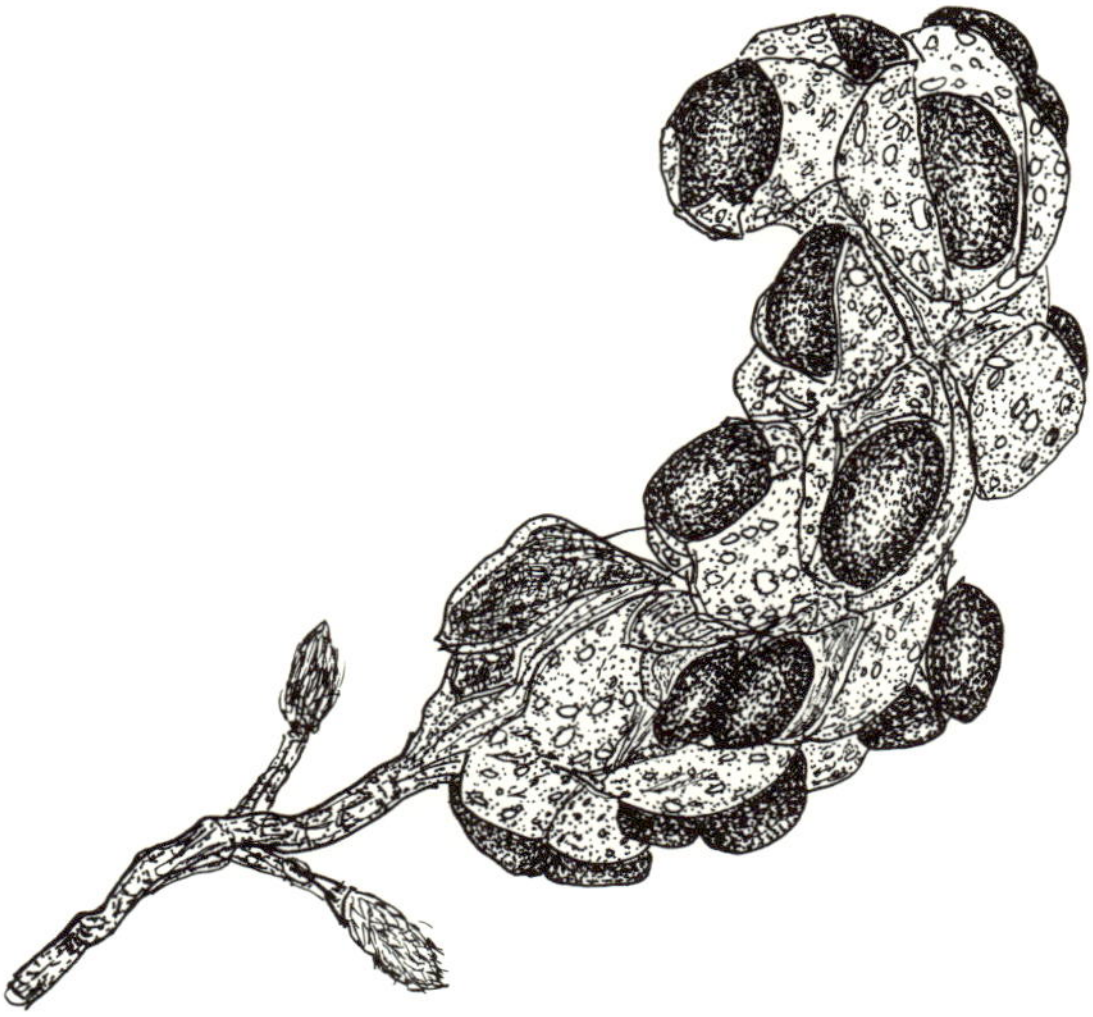

図 8-4　コブシの果序

果序は握り拳のような形だ。だからコブシと呼ばれているらしい。しかし袋果が開く頃には乾燥して全体が少し痩せてくる。骨が浮き出た拳だ。

運ばせる。厳しい冬を前に秋には発芽しないようにしている。一旦、冬の寒さを経験して初めて発芽できるのである。秋に種子を散布する北国の広葉樹はほとんどそうしている。

鳥たちは樹の枝に止まって糞をする。だから暗い森の中に落ちることが多い。そんなとき、コブシの種子は発芽を躊躇する。そしてそのまま明るいギャップができるのを待つ。しかし、成熟した森でも種子がギャップに遭遇するのは極めて稀だ。したがって、明るい光がなければ成長できないギャップ依存種は千載一遇のチャンスを逃すわけにはいかない。ギャップをいち早く、それも間違いなく感知し発芽しなければならないのだ。

コブシの種子がギャップの形成を知り、眠りから覚めるのは明るい光（高い赤色光/遠赤色光比）ではない。日中の温度較差（変温）だ。林冠が破れ太陽光が地表面に差し込むと日中の温度が上がり、夜の温度との較差が大きくなる。地温の日較差をシグナルとして発芽してくるのである（図8-5）。これまでもいろいろな樹種の発芽シグナルを見てきたが、シラカンバなどは光（赤色光/遠赤色光比）を感知して発芽する。同じギャップ依存種なのに、なぜ、樹種によって異なるのだろう。この違いには「種子の大きさ」が巧妙に関わっている。大学院生の安藤真理子さんや留学生の謝青青さんが地道な実験で明らかにした種子発芽のカラクリを、コラム4で詳しく見てみよう。

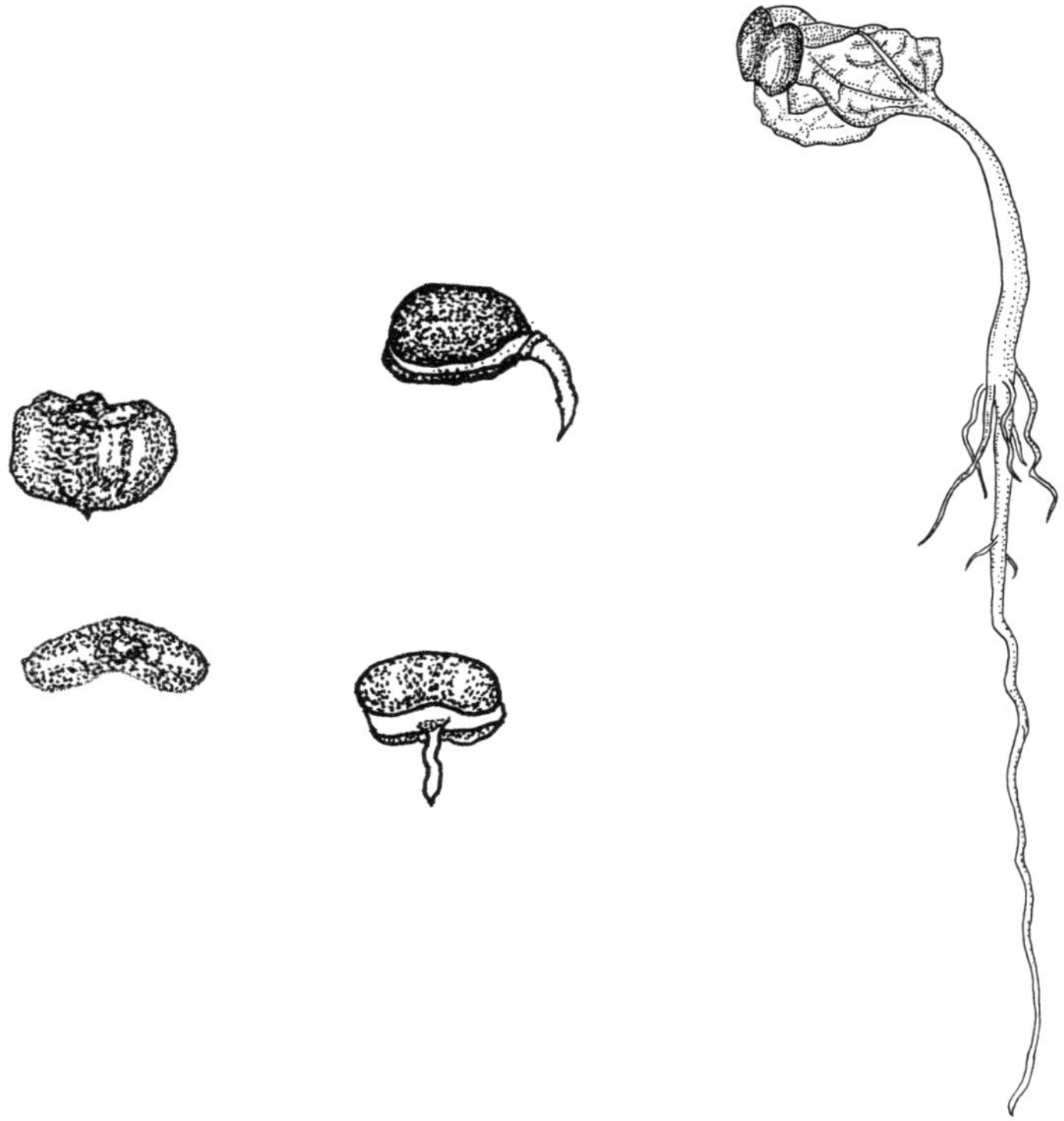

図 8-5　コブシの種子の発芽

赤い果肉（仮種皮）を取り除くと平べったいハート形の種子が出てくる（左）。鈍く黒光りしている。なかなか美しい種子である。手触りも良い。もう少し大きければペンダントに使える。コブシの種子が吸水し始めると切れ目ができ、その下から白い紐のような幼根が伸びてくる（中）。そして種子を持ち上げて子葉を開き始める（右）。芽生えを見て笑ってしまった。種子を覆っていた黒い抜け殻（内果皮）が昆虫の眼のようにくっついていたのだ。森の仮面ライダーだ。

コブシの有性繁殖と無性繁殖

広い森の中を這いずり回って小さな実生を虱潰《しらみ》しに調べることはしばしばある。しかし、コブシの小さな芽生えを見かけることはめったにない（図8-6）。ただ、数十センチほどの稚樹を見かけることはある。掘ってみるといつも驚く。横方向に長く伸ばした地下茎でつながっているのだ（図8-7）。どのような過程を経て、このような姿になったのかは詳しく調べたことがないのでわからない。想像するに、ノリウツギに似ているのかもしれない。ギャップができたので林冠に向かって大きく成長していたのに、ギャップが塞がってしまったので非同化部分をそぎ落とし、分断化し、葉と細い幹と小さな根だけになり、その後、地下茎を伸ばし無性的に繁殖を始めたのかもしれない。いずれにしても、暗い林内で長く待機するための戦略なのだろう。多分、種子繁殖が少し苦手な分、萌芽したり無性的に増えたりして生き延びているのだろう。このような経過を辿る樹木は存外多いかもしれない。樹のことはまだまだ知らないことが多い。

誰が植えたかコブシの林

通勤路の脇にコブシ林がある。田んぼや畑を抜ける太い道路に沿って長さ七〇メートルほど、幅

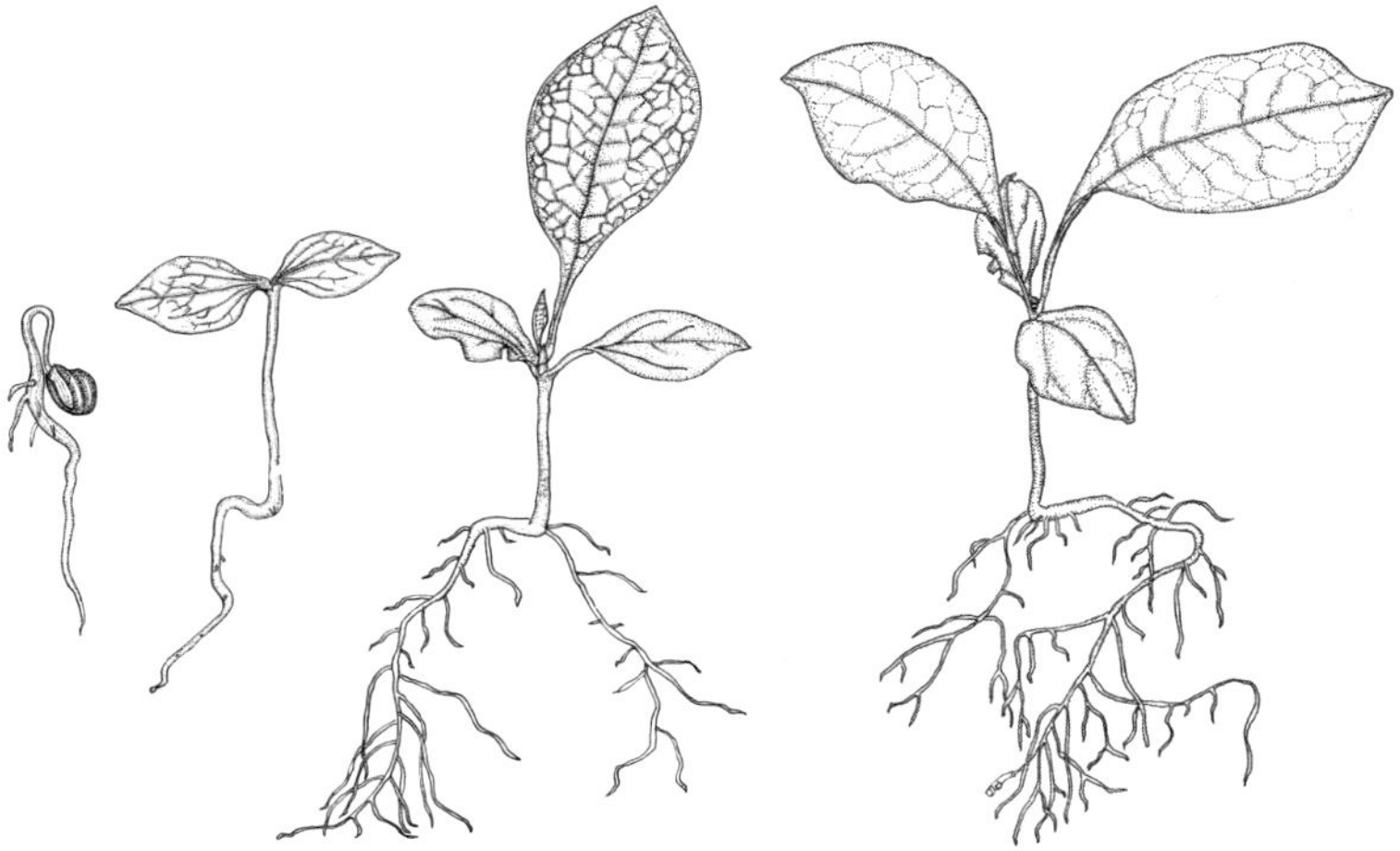

図 8-6　コブシの芽生え

種子が大きいせいか子葉も大きい。2〜3cm もある。だからだろう、子葉が開ききるとまもなく本葉も開き始める。柔らかそうな葉が印象に残る、小ぎれいで上品な芽生えである。

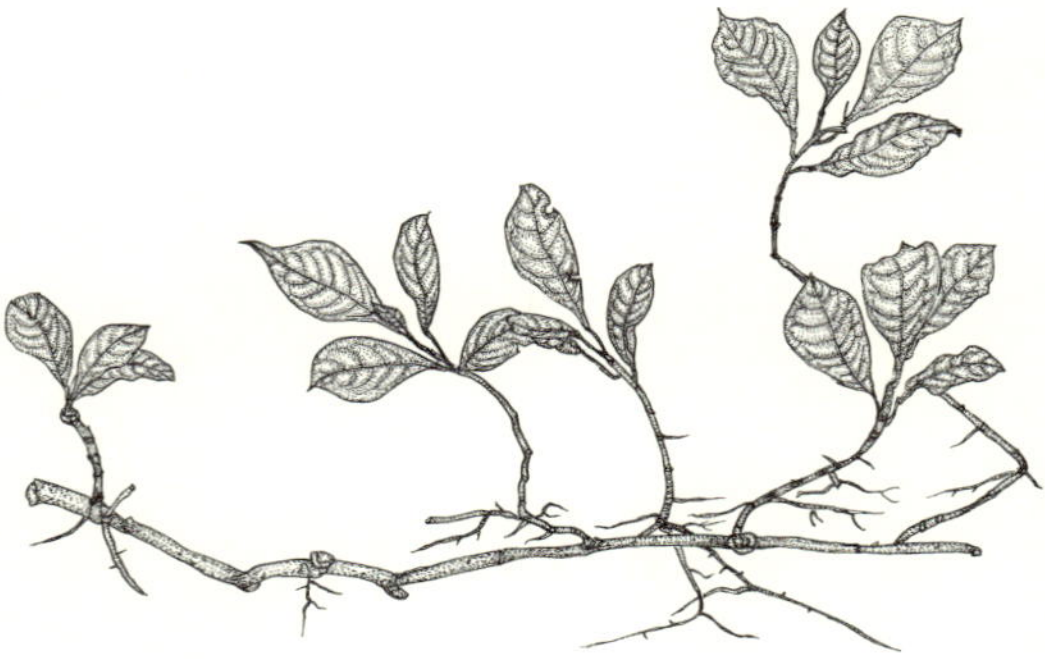

図 8-7　コブシの無性繁殖——地上と地下

一見するとコブシの実生が密生しているように見える（上）。しかし、掘り起こすと長い地下茎でつながっている（下）。ところどころ、地下茎から新しい地上幹を出している。無性的に繁殖しているようだ。どのような経過を辿ってこの姿になったのだろう。

三〇メートルほどの長方形の土地に不規則に数十本も立っている。サクラも数本混じっているが、直径三〇〜四〇センチほどの太いコブシばかりである。天然林では集団を作らないので、人間が植えたものに間違いない。それにしても珍しい林だ。

春、コブシの花を数個見つけると、その数日後には数十本が一斉に咲き始める。あたり一面真っ白になる。毎夏、下草や灌木が刈られ大切にされている。しかし、近年太い木が枯れ始めている。心配だ。

Column 4

今だ、発芽しよう——種子の大きさで違うギャップ察知の仕組み

ギャップを待つ

土の中で眠っている種子はギャップができたことを想像以上の精度で察知する。種子たちは確信して発芽してくるのだ。何をもってそんなに自信に満ちているのだろう。どんなシグナルに種子たちは全生命を賭けるのだろうか。このコラムでは、開けた明るい場所で生育する樹種、いわゆるギャップ依存種や遷移初期種がどのように光環境の好転を察知して発芽してくるのかを、最近明らかになった仕組みから見てみよう。

発芽を促す第一のシグナルは〝明るい光〟である。種子の中にある「フィトクローム」というタンパク質が明るいところで発芽のスイッチをONにし、暗いところではOFFにするのである。具体的には光の質で判断している。森の中が暗いのは林冠木の葉が太陽光を吸収するためである。樹木は光合成をするため四〇〇〜六八〇ナノメートルの波長域の光を利用しているので、林冠層を透過した光には赤色光（六五〇〜六八〇ナノメートル）はほとんど含まれない。しかし、それ以上の長い波長の遠赤色光（七一〇〜七四〇ナノメートル）は光合成には利用されないので、多

く含まれる。つまり林床で種子が感じる透過光は、遠赤色光に対する赤色光の比率（赤色光／遠赤色光比、R：FR比）が低い。このとき種子内のフィトクロームが応答して種子は休眠する。しかし、ギャップができると緑陰が取り除かれるのでR：FR比の高い光が差し込む。多くのギャップ依存種はこれに応答して発芽する。

しかしながら、光は土中深いところまでは届かない。地表面下数ミリほどでR：FR比はほぼゼロになってしまう。落ち葉の下にも届かない。実際、森の中で、地表に落ちたタネはしだいに落ち葉に埋もれ、小枝の隙間や土の小さな割れ目などに潜り込んでいく。森の中の土を掘ると、分解しかけた落ち葉や小枝の下やミミズのいる土の表層の隙間などにたくさんのタネを見ることができる。ギャップ依存種でも比較的大きなホオノキやコブシなどはネズミに運ばれたりするので、少し深いところにも埋められるだろう。つまり、暗い森の中では大小さまざまな種子がさまざまな深さに埋まってギャップを待ち続けているのである。数年も、時に数十年も土の中で休眠し待ち続けている。一度ギャップを逃したらそれこそ次まで生きていける保証はほとんどない。

〝変温〟を察知する大種子

そこで、比較的大きな種子を持つホオノキやコブシなどは、別のシグナルに応答することにした。それは〝光〟ではなく、地下深くまで届くシグナル、〝変温〟である。変温とは日中の温度較差のことだ。ギャップができると太陽光が差し込むので地中の温度は日中に上昇し、日較差が大きくなる。大種子は少しぐらい深いところで発芽しても地上に芽(上胚軸)を出すことができるので、変温に応答して発芽するのだ。土中の変温幅は地表で最も大きく、地表面下五センチほどまで比較的大きいまま推移する。光は地表面下数ミリしか届かないので、もし光に応答したらギャップを見逃してしまうことになる。

小種子は〝光〟を察知する

一方、小種子は変温に応答しない。種子の小さいダケカンバやシラカンバ、ノリウツギなどはあまり深い土の中で発芽してしまうと、地上まで顔を出すことができない。種子の貯蔵養分が少なく上胚軸を地上まで伸ばせないからだ。だから、小種子は深いところまでは届かないシグナル、〝光〟(R:FR比)だけに応答して発芽する。深いところに埋められた小種子は休眠したまま、地表の攪乱によって地表面に持ち上げられるのを待つのである。

また実験室では、面白いことに小種子を持つ種は、R:FR比が高いほど、発芽率も高い。これは何を意味するのだろう。ギャップの面積が広いほどR:FR比は高い。つまり、一本だけ大木が倒れてできた小さなギャップよりも大きな台風で何十本も倒れてできた広いギャップで小種子は発芽率を高めているのである。ギャップが広いほど子供が定着しやすく早く大きくなれるからだ。ここでも、子供の将来を見越した、お母さんたちの周到な準備が垣間見える(図コラム4)。

このように、光(R:FR比)と変温のどちらのシグナルに応答するかは樹種によって、つまり種子の大きさによって異なるのである。

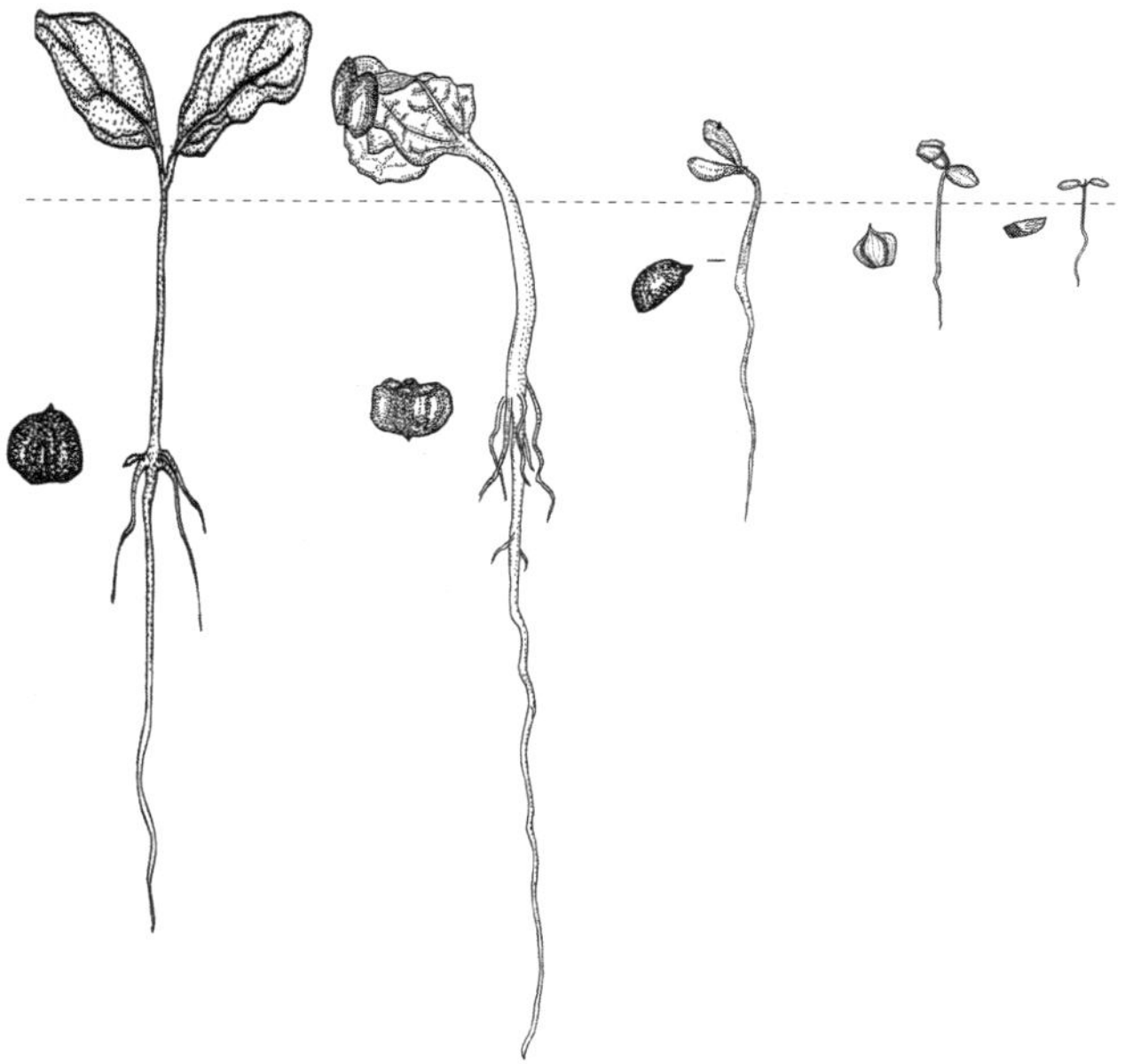

図コラム４　タネは地上へ出現できる深さを知っている

左から、ホオノキ、コブシ、キハダ、ヤマハンノキ、カツラ。大種子を持つコブシは深いところからでも地上に出現できるので、深いところまで到達する変温をシグナルにして発芽する。小種子を持つカツラは浅いところからしか地上に出現できないので、浅いところだけに到達する光をシグナルにして発芽する。中サイズの種子を持つキハダやヤマハンノキは、光と変温の両方をシグナルにして発芽する。

さらに、面白いことに、中サイズの種子を持つものは、光と変温の両方に応答する。あまり特化せずに多様な環境に対応し、発芽チャンスを逃さないようにしているのだ（次項「キハダ」参照）。

キハダ――黄檗

木陰

本を読むにはハルニレの木陰が一番だ。いや、キハダも捨てがたい。学生の頃、いつもキハダの下で寝転んでいた（図9-1）。緩やかな傾斜があり乾燥した芝が心地よかった。なにより木漏れ日が好きだった。黄色に染まった羽状《うじょう》複葉の遠くには澄んだ青空が見えた。そこから漏れてくる光がとても透明に感じられた。

あの頃の気分をまた味わいたくて庭の真ん中にキハダを植えた。毎年、背丈は一メートル以上、直径も一センチ以上大きくなる（図9-2）。芝を張って、さて、寝転んでみた。ジットリと湿っていた。田んぼ跡地なので水が抜けにくいのだ。暗渠《あんきょ》を掘りアズマネザサやススキを大量に敷き詰め、

図 9-1　キハダの老木

樹は老木ほど気品がある。キハダもそうだ。樹皮のコルク質が厚みを増すにつれ落ち着いた雰囲気を醸し出す。北海道大学のクラーク像裏の老キハダは、40年経っても旧友のように迎えてくれた。

図 9–2　キハダの若木（中）、冬芽（左）と春の展葉（右）

キハダの若木は大空に向かって頼もしく伸びている。どんな樹でも若いうちは勢いが勝る。キハダらしい枝ぶりや樹皮、樹形が見られるまでにはしばらくかかりそうだ。冬芽の下の葉痕は馬蹄に見える。学生のときそう教わった。若木は芽を開くと、当年生枝を伸ばしながらしなやかな羽状複葉を次々と広げていく。

その上に大量の落ち葉を被せた。砂混じりの黒土を少し盛り、さらに森林組合から買った木材チップを大量に敷いた。再度、寝転んでみた。乾燥した地面は心地よかった。しかし、漏れてくる陽の光は違っていた。

雌株と雄株

キハダは雌雄異株である。オスの木は当然だが雄花を咲かせる。しかし、よく見ると円状に並ぶ四〜六本の雄しべの中心に雌しべの痕跡のようなものが見える（図9-3、口絵）。一方、メスの木では、雌花の中心に雌しべが一本見えるが、よく見ると雌しべを丸く囲むように雄しべの痕跡が並んでいる。もともとは雌雄同株でそれも両性花を持っていたのかもしれない。両性花では同じ花の中に雄しべと雌しべが隣り合い自家受粉が起きやすいので、それを避けるためにオスとメスに分かれていったのかもしれない。

鳥もミツバチも人間も

「キハダは黒熟するとすぐに鳥に食べられてしまう」。慌ただしくキハダの豊凶調査に走り出す水

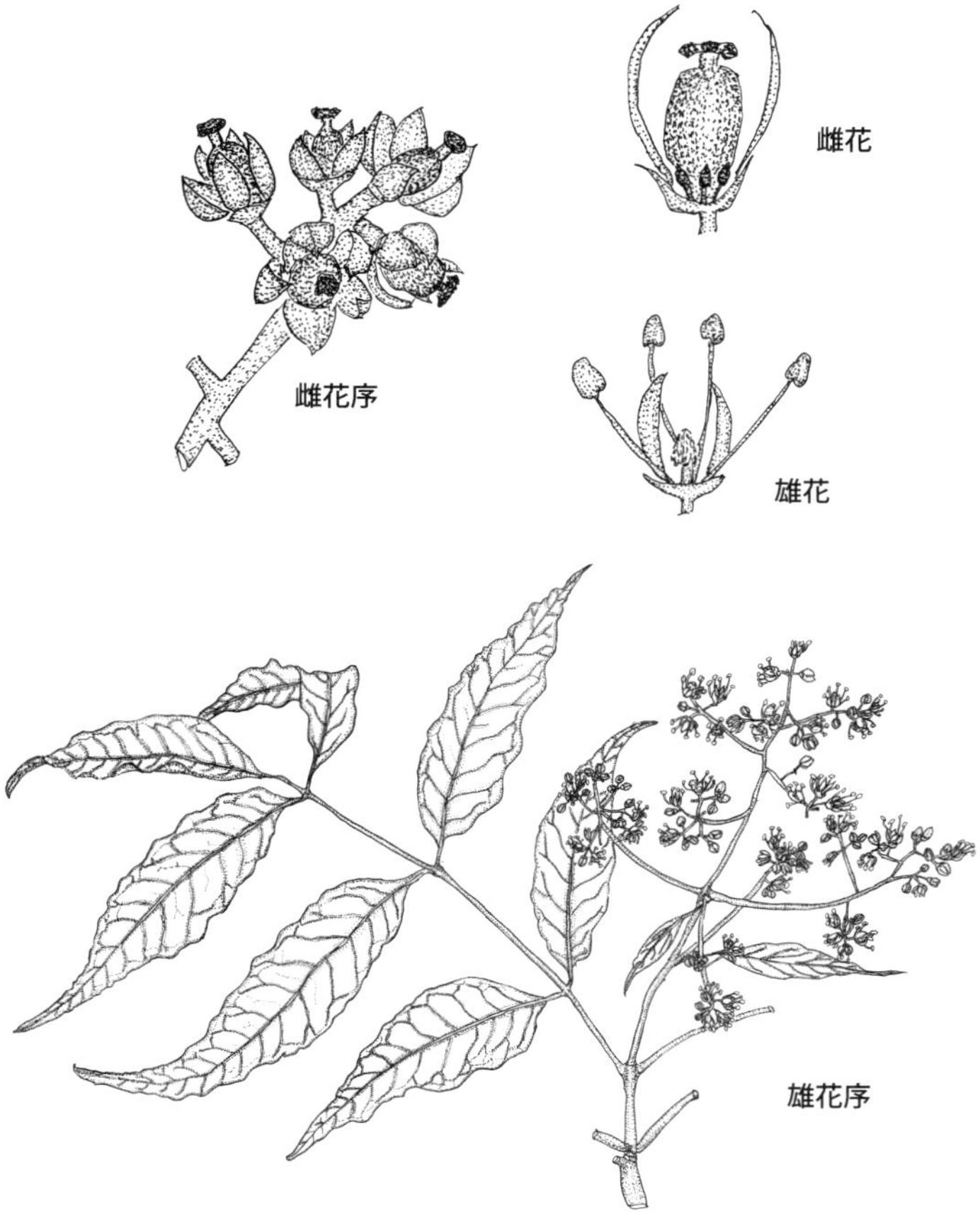

図 9-3　キハダの雄花と雌花

庭に稚樹を植えてから 10 年ほどで花が咲いた。オスであった。緑がかった黄色の花はとても小さいので咲いているのがわからないほどだ。雌花には退化した雄しべが見られ、雄花には退化した雌しべが見られる。いずれも目立たない小さな花だが、蜜を大量に出す。

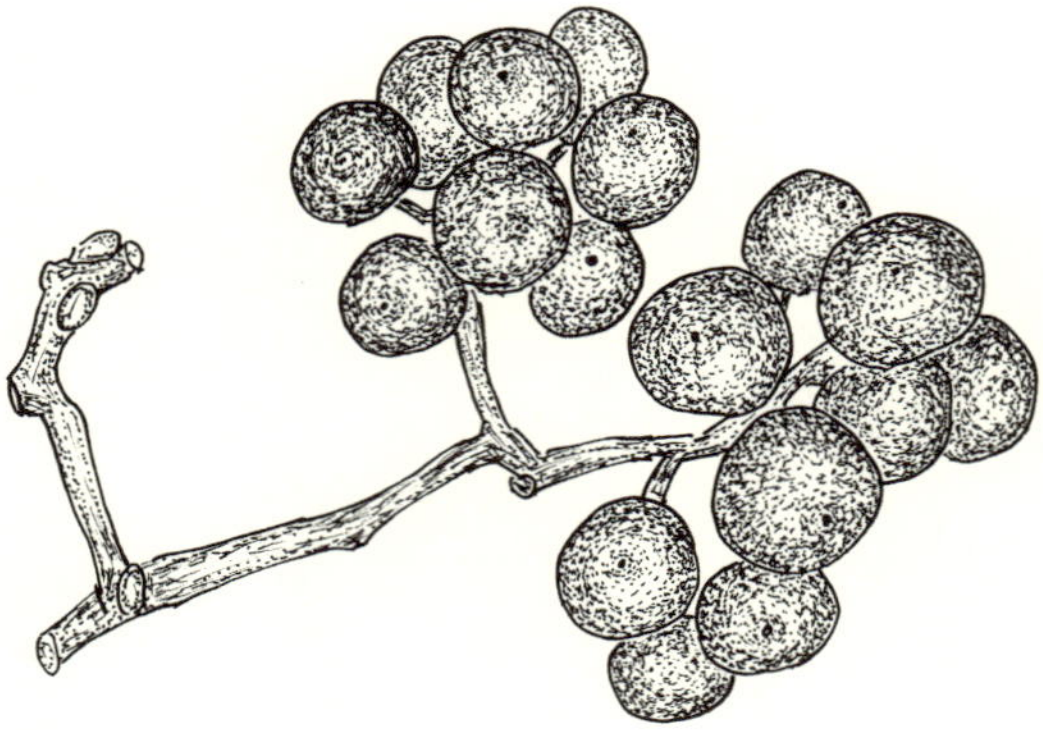

図 9-4　キハダの果実
キハダは毎年のように栄養豊富な球形の果実（核果）を実らせ、鳥だけでなくアイヌの人たちも饗してきた。

井憲雄さんについていった。池の脇の調査木には黒紫の果実がたわわになっていた（図9-4）。一〇年間調べて凶作は一回だけで、毎年のように成熟した果実が見られるという。毎年花が咲くのでミツバチも毎年蜜を集めることができるだろう。月山の麓で毎年キハダの蜂蜜が買えるのはそのためだ。ありがたいことだ。

果実をもぎ取るとミカン科らしい柑橘系の香りがする。油脂も多く栄養価は高そうだ。森の民、アイヌもまた、果実を大量に採取し調味料として日常的に食卓に載せていた。シケレペと呼び、生で食べたり、干して保存しておき煮物に入れて食べたりしていた。蜜や果実を毎年与えてくれるキハダは、森で暮らす人々や多くの生き物を支えてきた。

親心

果実をついばんだ鳥はどこかに飛んでいく。その間、胃袋で外側の皮（外果皮）と果肉（中果皮）だけを消化する。種子は堅い殻（内果皮）に守られ砂嚢《さのう》もすり抜け、糞と一緒に排泄される。暗い林内に落ちた種子はすぐには発芽せず、長い間、埋土種子として地中に潜り込み、ギャップができたことを知らせるシグナルを気長に待っている。

明るい場所を好む樹種の中でも種子の大きいホオノキやコブシは変温（温度の日較差）に応答し、種子の小さいカンバ類やカツラなどは光の質（赤色光／遠赤色光比）に応答して発芽する（コラム4参照）。しかし、キハダは光と温度の両方を感知して発芽する。キハダの種子は、赤色光／遠赤色光比が高いほど、つまり明るいほど発芽率も増すが、それだけではない。たとえ少しくらい暗くても変温があれば発芽率が上昇する。これは、光が届かない落ち葉の下や土の中でも変温に応答して発芽できることを示している。キハダの種子はシラカンバなどに比べ重いので、少しくらい土中に埋められても発芽した芽生えは落ち葉も突き破ることができ、地上に出てこられるからである。ギャップを見逃さないでほしい。キハダの親は子供の能力（種子の重さ）に見合ったシグナル応答の仕組みを準備していたのである。しかし小さな芽生えが地上に顔を出したら、あとは自力で試練を乗り越えなければならない。親は見守るしかない。

順次開葉する芽生え

子葉の縁は歯が丸くなった鋸《のこぎり》のようだ（図9-5）。サンショウの子葉も同じなのでミカン科の特徴なのだろう。キハダの成木の葉は多くの小葉を羽のように並べた羽状複葉だが、芽生えが出す葉はなかなか羽のようにはならない。あまり小葉の枚数が増えず、成長もゆっくりだ。しかし、気温の上がる七月になると見違えるように伸び始め、複葉も羽状化する。芽生えは八月下旬まで葉を出し続け成長する。ギャップに依存して生活する樹種らしい葉の展開様式だ。しかし、あまり大きなギャップは苦手なようだ。

高度経済成長期、北海道の天然林は皆伐され見渡す限りのササ原が広がった。広葉樹林の再生を目指しブルドーザーで根こそぎ除去すると、剝き出しになった表土からシラカンバやダケカンバなどに混じり、キハダもたくさん発芽してきた。多分、巨木に止まった鳥たちが糞をして、そのまま土中で休眠していたものが、明るくなって発芽したものだろう。しかし大量に発生したキハダの実生は、しばらくすると大半が消えてしまった。キハダは土壌が未発達だったり乾燥したりするような場所は苦手なようだ。カンバ類のような純林は作らない。キハダは小さなギャップが好きなのだろう。種子の散布や発芽の仕方を見ても小さなギャップがふさわしい樹種である。実生の葉の開き方もそんな感じがする。

図 9-5　キハダの芽生え
とても柔らかい感じのする、そして優しげな色合いを持つ芽生えだ。次々と展開する複葉は小葉の枚数をしだいに増やしていく。同時に複葉も大きくなり、どんどん上へ上へと伸びていく。順調に観察が進んでいたある日、数本の観察個体の葉をアゲハチョウの幼虫がムシャムシャと食べてしまった。

ギャップなど攪乱に依存して大きくなる樹種の種子は一般に小さい。キハダの種子は小さいほうの部類だが、大規模な攪乱に依存するヤナギ類やカンバ類、ハンノキ類よりは大きい。しかし、攪乱がない場所でも更新するイタヤカエデより小さく、ミズナラ、トチノキよりは格段に小さい。種子の大きさは樹木の生活場所と深く関係しているようだ。どんなふうに関わっているのだろう（コラム5参照）。

エゾフクロウを送る木幣

キハダは金、ミズキは銀でハンノキは銅。アイヌが神へ捧げるイナウ（木幣）だ。エゾフクロウを送るときはキハダの木幣を使い、クマを送るにはミズキの木幣を使った。アイヌは去り、シサム（和人）がやってきた。シサムは巨木を伐り尽くした。

一九九〇年頃、帯広営林局では毎年市民を呼んでお祭りのような行事をやっていた。その呼び物はなんといっても広葉樹の分厚い一枚板であった。ミズナラ、ハリギリ、カツラなどの巨木の一枚板が売られていた。厚さ一〇センチ、幅八〇センチ、長さ三メートルほどのキハダを買った。一万円であった。営林署出入りの業者が自宅まで一時間もかけてトラックで運んでくれた。年輪を数えてみたら、芯から外れていたが一四〇年もあった。芯の部分を入れたら一七〇年は超えるだろう。

厚い樹皮をつけたまま机の天板にした。何も塗らなかったので傷やシミは増えたが、手触りはだんだん良くなっている。しかし、今になって思うと申し訳ないことをした。買う人がいるから伐る人がいたのだ。

本来、樹木はクマやリス、小鳥たち、それにフクロウたちを養うために巨大になるのかもしれない。巨大なほどたくさんの蜜を出し、たくさんの果実を実らせ、棲み場所を与えることができるからである。しかし、シサムたちは片っ端から大木を伐り倒し、〝無造作に〟売り払った。そのためだろう、今の日本には巨大な広葉樹があったことを忍ばせる木工品や建築物の一つも存在しない。アイヌの残した巨木の群れはそれ自体が高い文化であった。伐り払ってなんの文化も残さなかったシサムたちの無節操さをエゾフクロウはどう思っただろう。巨木は山の神に感謝してほんの少しずつ頂くべき命なのである。

Column 5

大きな種子と小さな種子
——多種共存を促す種子サイズのばらつき

三〇万倍の差

初夏、川沿いを歩くとふわふわと白い毛の塊のようなものが漂っている。綿毛に包まれたヤナギの種子である。綿毛を取り除いて重さを量ると〇・一ミリグラムほどだ。一グラムの一万分の一ほどである。とても軽い。

秋、同じ川をしばらく遡ると足元に大きな木の実が落ちている。トチノキの果実だ。分厚い果皮を除いて秤《はかり》に乗せると二〇グラムほどある。大きいものは三〇グラムを超えた。手に余るぐらいの大きさだ。さらに斜面を登るとドングリが落ちている。ミズナラの堅果である。拾い上げると思ったより手に重みを感じる。三グラムを超えている。さらに歩くとシラカンバが群生している。大量の細長い果序をぶら下げ大量の種子を飛ばし始めている。果序から取り出すと、薄いセロハンのような翼がついている。タネを量ってみると〇・二ミリグラムしかない。

このように同じ地域の森に生育しながら種子重には最大と最小で約三〇万倍もの開きがある。しかし、このまま小さい種子からは小さい樹ができて、大きな種子からは巨大な樹ができるかというと、必ずしもそうではない。

高木種と言われる林冠を構成する樹木の背丈は、成木になると大して変わらない。低木（灌木）を除けば、樹々の高さは最大でだいたい二〇メートルから三〇メートルくらいだ。肥沃なところでは稀に三五メートルほどにもなるが、種子重の桁違いの差に比べたら大して変わらない。しかし、なぜ種子のサイズ（種子重）だけがこんなにも違うのだろう。

ヘテロな森の光環境

謎解きの糸口は、自然林における環境の違いにある。特に光環境の大きな違いだ。自然の森には明るい場所も暗い場所もある。それぞれの場所に種子が辿り着き、発芽し、うまく生育するために、樹のお母さんたちは自分の子供に最も適した大きさの種子を持たせた。そう考えるとうまく説明できるような気がする。

森の中はいつも暗いわけではない。稀ではあるが、大きな地滑りや強い台風が発生してたくさんの木々をなぎ倒し、大面積の空き地ができることがある。老熟林では巨木や老木が立ち枯れしたり根返ったりし、ぽっかりと明るい空間を作る。急傾斜地では土砂の崩落により広い空き地ができるし、河畔では絶えず洪水が起きて木々をなぎ倒し砂礫が溜まっている。このようなさまざまなサイズのギャップが見られるのが自然林である。森の中の光環境は想像以上に〝ヘテロ〟なのである。

子供をどこで発芽させるのか

小種子は明るい場所に辿り着きやすく、発芽しやすい、という点で明るい環境での定着に有利である。カバノキ科やヤナギ科の樹木は薄い翼や綿毛をつけた小さな軽い種子を持つ。風や水をうまく使って種子を長距離散布し、稀にしか形成されない山火事跡地や皆伐跡地、河川の氾濫跡地といった大きな攪乱地に到達できるチャンスを増やしている。一旦ギャップに到達したら、小種子はこれ幸いと、すぐに発芽する。しかし、条件が揃わなければ長期間休眠し、最適なタイミングを待つ。小種子は土の中の隙間や落ち葉の下に隠れ潜むことができ、休眠したまま数年数十年生き続けることができる。とはいえ、攪乱に対する察知能力は高く、さまざまなシグナル（水分、光、変温）に応答し発芽できる。

一方、大種子を持つトチノキやミズナラはむしろ、報酬として大きな子葉を用意することによってネズミたちに運ばれて、そして地中に埋められる。げっ歯類は暗い林内や藪を好んで埋めるので、自ずと運ばれる先は暗い森林内が多くなる。種子が大きなイタヤカエデなどは風散布でも暗い林内に落ちることが多い。それに大種子は長く休眠することなく、散布翌年には地上に顔を出す。

このように大種子と小種子はそれぞれ異なった環境で生きていく準備を整える。さあ、発芽して地上に顔を出そう。大種子、小種子それぞれから発芽した芽生えたちは、それぞれの環境に適した成長パターンを持つことによって好みの生育場所（ハビタット）で定着していく。

生まれた場所で精一杯生きる

明るいギャップでは、小種子はそのハンディキャップをものともしない秘めたパワーを発揮する。小さなタネから出発しても大種子に負けずに大きくなれる。シラカンバやダケカンバなどは二枚の小さな子葉を展開したまま三~四ミリ程度の高さで伸長成長を一旦休止してしまう（図コラム5）。これはタネが小さいので仕方がない。しかし、その後、子葉の面積を広げながら光合成を続けて、一ヶ月ほどしてやっと小さな本葉を出し始める。そして、次々と前より少し大きな本葉を出し光合成を続け、夏のある日、ぐーんと背丈を伸ばすと、秋の半ばまで葉を出し伸び続ける。驚いたことに、冬が来る頃にはタネの重さが三〇万倍もあるトチノキとほぼ同じくらいの背丈に到達しているのである。

このような成長パターンは、山火事跡や洪水跡地、地滑り跡地などの大きなギャップで一斉林を作るカンバ類やハンノキ類、ヤナギ類などの遷移初期種で普通に見られる。生育場所の明るい光環境を春から秋まで有効に利用する戦略である。これらの樹種は新しく葉を出しながら古い葉を次々と落とすのが特徴だ。個々の葉の光合成速度は葉を展開し終わった頃に最大となり、その後急激に低下するので、光合成速度の速い葉を常に明るいところに展開し古い葉は落としたほうが、速い光合成速度を長い間維持できるからである。小種子由来の実生には初期サイズを補う秘密の成長パターンがあったのだ。

一方の遷移後期種はどうだろう。日本最大の種子を持つトチノキの芽生えを探しに沢筋を歩く。大きいのですぐに見つかる。春先なのに三〇~五〇センチの高さに伸び、大きな掌状《しょうじょう》複葉を四枚すべて開ききっていた。トチノキは地上に顔を出してわずか二週間ほどで親からもらった貯蔵養分を使って一気に大

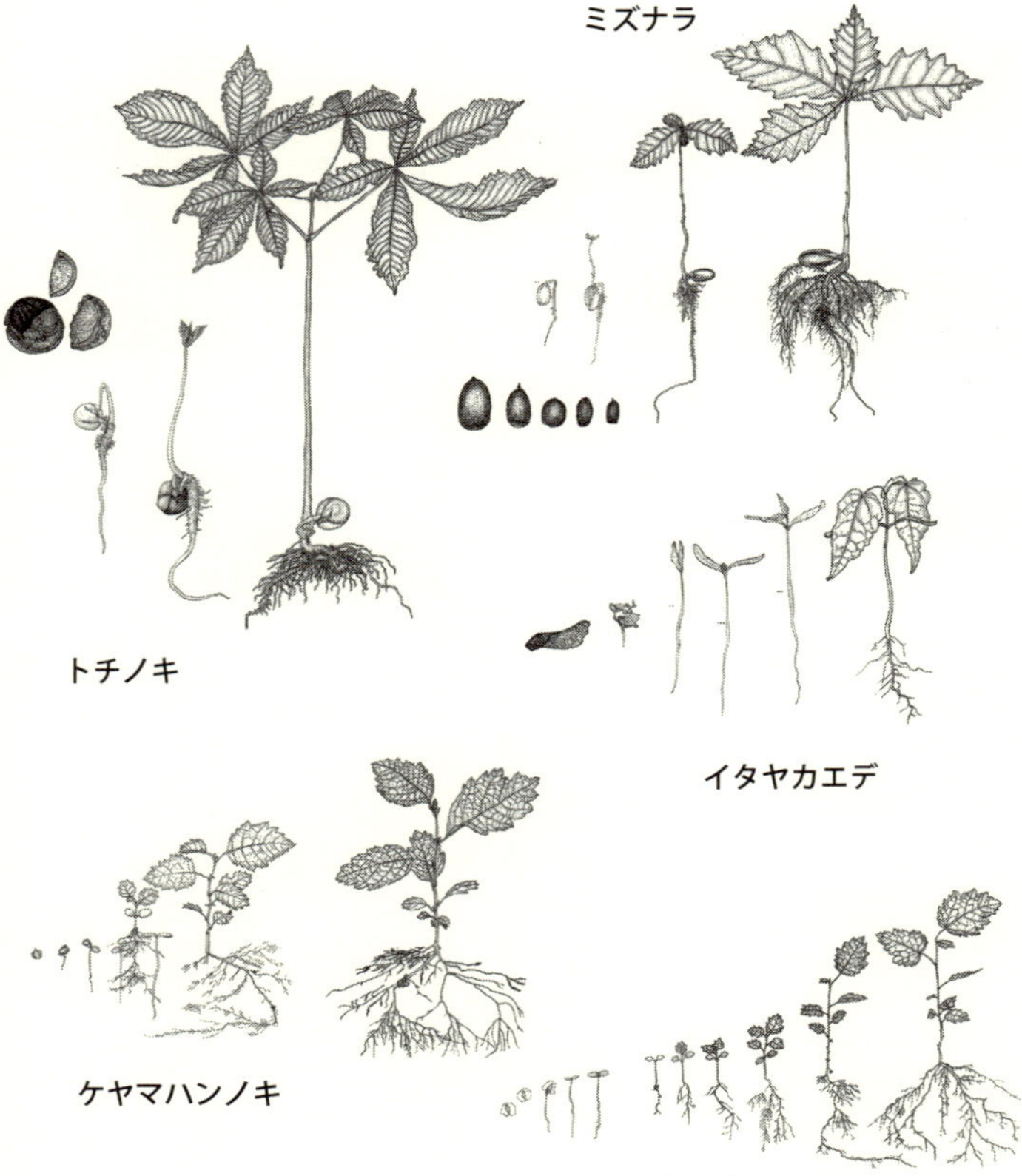
ミズナラ
トチノキ
イタヤカエデ
ケヤマハンノキ
シラカンバ

きくなり受光態勢を整える。イタヤカエデも春先に一斉開葉し、たくさんの光合成産物を溜め込む。

このような成長パターンは、親からもらった大種子に由来するのである。つまり、春先に態勢を整え秋まで同じ姿で光合成をし、病気や昆虫に危害を加えられないよう防御物質を作り、アクシデントにあっても萌芽再生できるように根にデンプンを溜め込む。そして、翌年も春先に一斉に葉を開きながら少しずつ伸びていく。やがて、頭上の林冠木が倒れるとさらに上を目指して大きくなっていく。

暗い林床で発芽し、混み合った林内で生育する大種子由来のブナやミズナラなども同じだ。春先の短期間で葉を一斉に展開しながら少しずつ伸びていくのである。このように大種子と小種子を持つものがそれぞれの生育場

図コラム５　種子サイズと実生の成長パターン

大種子を持つトチノキやミズナラ、イタヤカエデは種子の貯蔵養分を使って一気に伸長し、すべての葉を瞬く間に開いてしまう。種子の小さいケヤマハンノキやシラカンバは最初２枚の小さな子葉を開いたあとしばらく光合成をしてから、本葉を開く。その後も一枚一枚少しずつ大きな葉を開いていく。そして夏に一気に伸び始める（この図は夏に伸び始める前の姿である）。

所で懸命に生きて定着していくのである。

違うからこそ共存できる

つまり、小種子を持つカンバ類やヤナギ類などは明るいギャップでは成長率が高く一斉林を作っていくが、暗い林内では休眠するか、もしくは発芽してもほとんどが死んでしまう。一方、大種子を持つトチノキやイタヤカエデの子供たちは明るい場所では小種子に成長が追いつかなかったり乾燥したりして死んでしまうが、暗い林内ではゆっくりと大きくなり生き延びる。したがって、森の中に暗いところばかりでなくさまざまなサイズの明るいギャップができれば、大種子も小種子もその中間の種子サイズを持つものも、共存しながら生きていけるのである。種子が大きかろうが小さかろうが、どちらが不利だということがないのが森林の世界である。森は広く、それぞれがしっかりと生きていけるさまざまな場所を準備しているのである。親からもらった種子貯蔵養分には大きな違いがあるにもかかわらず、子供たち（芽生え）はそれぞれの成長に適した場所で精一杯がんばって大人になろうとしている。自然が準備したさまざまな環境に棲み分け、生きていくのである。

樹のお母さんたちは広い森にはさまざまな仕事があり、職場があることを知っていて、そのうちのどこかで勤めることができるように子供を他の樹と違うものにしているのである。職場のほうもそこにピッタリする人材を求めている。しかし、人間社会と違うのは、すべての樹種の子供が食いはぐれることもなく、特定の樹種が他を押しのけてのさばることがない、ということである。

アカシデ ―― 赤四手

筋肉質な幹

アカシデの太い幹は灰白色の筋肉でできている。いかつく盛り上がり、無骨そのものだ。特に急斜面で重力に逆らいながら体幹を支え続けている姿はとても頼もしい。若木より成木、成木より老木でその無骨さは完成される。老木のそれは美しくもある（図10-1）。歳をとればとるほど、そして太くなればなるほど樹木の風情は固有のものになっていくような気がする。

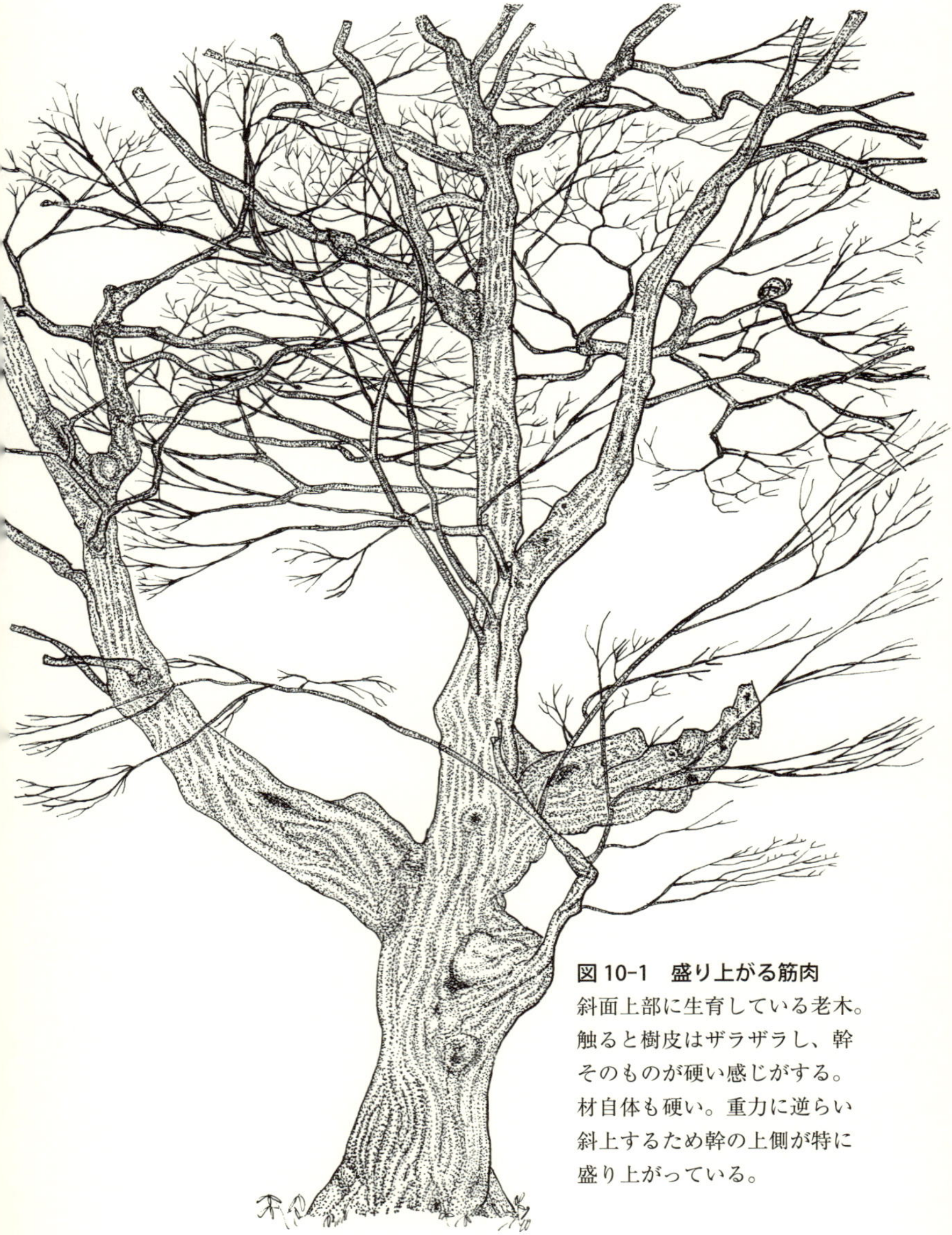

図 10-1　盛り上がる筋肉
斜面上部に生育している老木。触ると樹皮はザラザラし、幹そのものが硬い感じがする。材自体も硬い。重力に逆らい斜上するため幹の上側が特に盛り上がっている。

赤い葉を開く

春一番に出す新葉は鮮やかな赤だ（図10-2、口絵）。その後も夏にかけて長い間、次々と新しい葉を開き続けるが、いつも先端の葉は赤い。時間が経つと緑色に変わるが、なぜ新しい葉はモミジのように赤いのだろう。ヤマモミジなどは秋に紅葉する。黄色っぽいのもあれば濃くて鮮やかな紅色もある。東京大学演習林にいた昆虫学者の古田公人さんは不思議な発見をした。ヤマモミジでは、より黄色なものほどアブラムシの産卵が多く、赤色葉の個体にはほとんど産卵しなかった。赤く紅葉する樹木に産卵したアブラムシ（ほんのわずかしかいないが）では、翌春までの死亡率が高かった。赤い色素が昆虫に対して成長阻害を引き起こしているのかもしれない。あるいはヤマモミジがアブラムシに忌避のシグナルを送っているのだろうか。アカシデの赤い葉も虫などに食べられないように防御している可能性があるかもしれない。

アカシデは春に開葉すると夏頃まで次々に多くの葉を展開する。前年の貯蔵養分で一気に葉を開くのではなく、最初に出た葉の光合成で次の葉を開くタイプだ。だから、最初に開く葉を食べられては次の葉を開くことができない。それでは困るので、最初の葉を赤くし、外敵の攻撃を防御しているのかもしれない。ヤナギも最初の葉は赤い。順次開葉型の樹木では最初に開く葉は赤みがかったものが多いような気がする。調べてみたほうがよさそうだ。

図 10-2　アカシデの冬芽（上）と開葉（下）

ときどき、冬芽をヒヨドリがついばんでいる。花芽を選んで食べているのだろう。一旦葉を開くと遷移初期種らしく、長い期間新しい葉を次々と開き続ける。開き始めの先端の葉はいつも赤い。

地味な花の一瞬の輝き

アカシデは雌雄同株である。風媒花なので、ミツバチやチョウを誘う必要がない。だから鮮やかな花弁もなく、蜜も出さないし香りもない。どうしようもなく地味だ。雄花を入れた冬芽は、春先には上を向いてついているが、開くにつれ重くなって垂れ下がる。花粉を飛ばすために風に揺られやすいようにするのだ。アカシデの枝の先端に大量の穂がぶら下がっている光景は遠くからでもよく目立つ。風に揺れてぶらぶらする景色は滑稽でもある。その後、花粉を入れた袋（葯）が裂開し花粉を放出するとすぐに寿命が尽き、落下する。地面に累々と散らばる抜け殻もまた寂しいものである。しかし、一瞬だけ、ほんのひとときだけ、雄花序はとてもきれいな姿を見せる。花粉を飛ばす直前にだけ、黄色と赤と黒のカラフルな幾何学模様を見せるのである（図10-3左、口絵）。誰に見せるでもない一瞬の輝きを樹木たちは持っている。

雌花序は秋、芽鱗に覆われ大きな冬芽の中にいる（図10-4）。中には雌花がびっしり詰まっている。ヒヨドリがまっすぐ飛んできて花芽だけ二、三個ついばんでいった。こんなもののどこが美味いのだろう。春になると雌花が咲き始めるが、これも一見目立たない（図10-3右、口絵）。しかし、よく見ると柱頭を出しているあたりは赤みがかってとてもきれいである。一つの雌花序に雌しべが二十数本あり、基部の花から順に咲き始め、受粉しようと柱頭を伸ばしている。まだ、先端のほう

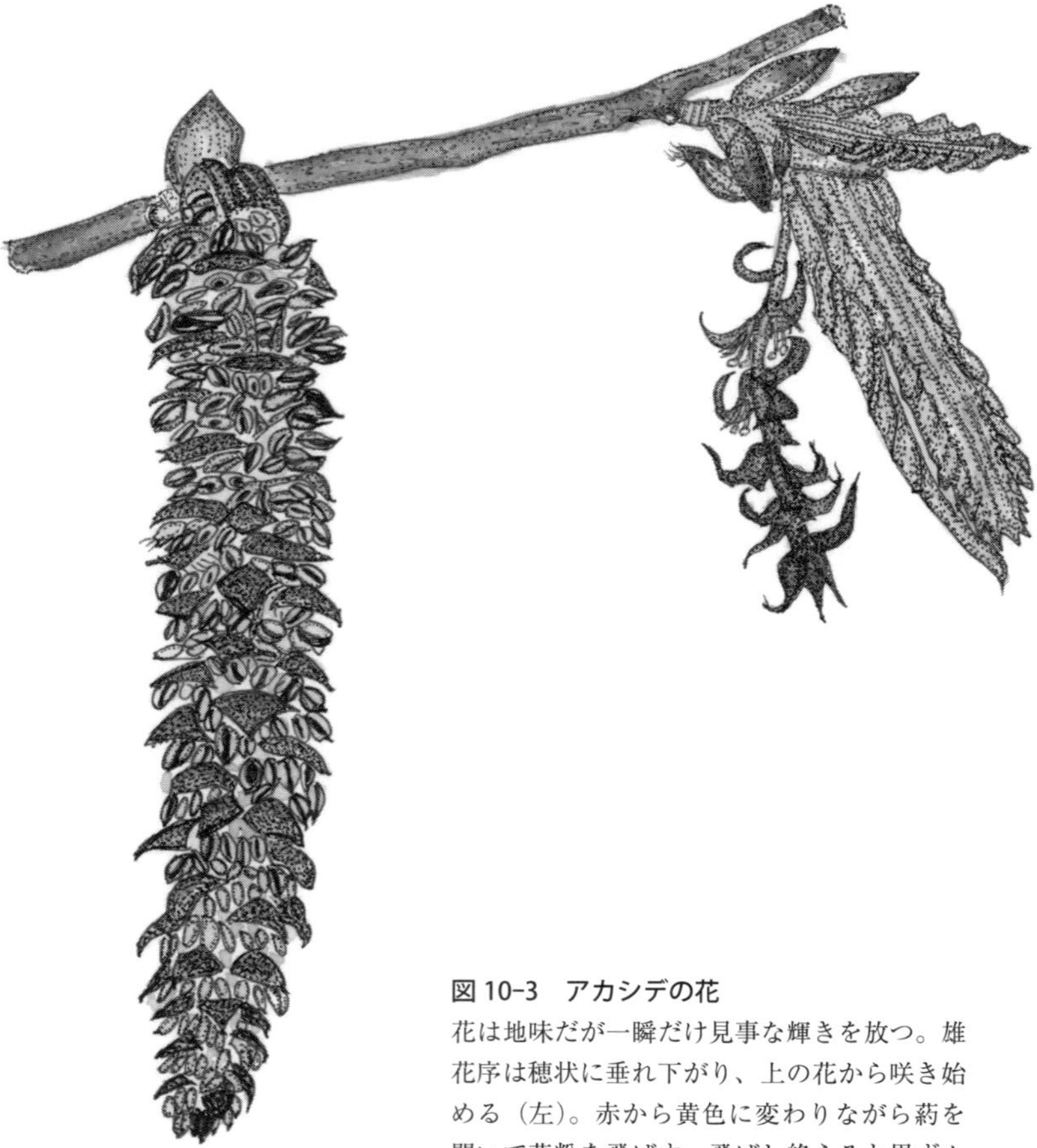

図 10-3　アカシデの花

花は地味だが一瞬だけ見事な輝きを放つ。雄花序は穂状に垂れ下がり、上の花から咲き始める（左）。赤から黄色に変わりながら葯を開いて花粉を飛ばす。飛ばし終えると黒ずんでくる。雌花序は雌しべが赤い苞に包まれて、始めは上を向いているが受粉後しだいに垂れてきて下を向く（右）。里山の細い道を歩くと、小さい田んぼの上の二次林でアカシデが赤く染まって見えるときがある。

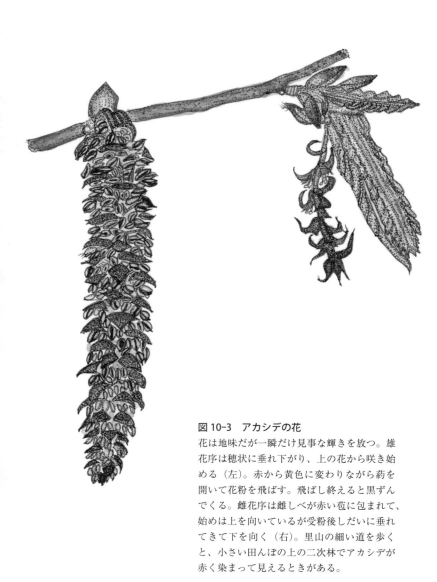

図 10-4　アカシデの果実序と果実

枝先に 5〜6cm の果実序が大量に並んでいる。大豊作のときは枝がしなっている。個々の果実はカンバ類やハンノキ類よりずっと大きく、カエデ類よりは小さい。風散布にしては大きな果実だが、それ以上に大きな翼で、遠くに飛んでいく。

の花の雌しべは出ていないが、赤みがかったグラデーションは見ていて飽きない。

鈴なりの果実

アカシデの枝が大きくたわんでいる。長く横に張り出した枝にはたくさんの果実序がぶら下がっている（図10-4左）。その中には充実した種子がずっしりと詰まっている。相当重そうだ。そんなに背の高くもない母樹からたくさんの枝が四方に広がり、そのすべてにたくさんの果実序が見られる。木の大きさのわりには随分と果実が多いような気がする。一つひとつの果実序には翼のある果実（種子）が大量についている。風散布にしてはかなり大きい果実である（図10-4右）。小さな母親は蓄えをすべて使い果たしたことだろう。それでも大量の果実を作り続けるのは、やはりどこか明るい空き地を探さないと子供が生きていけないからだ。だから、お母さんは必死である。細い幹に枝がしなるほどの果実の量だ。骨身を削るとはこういうことなのだろう。

アカシデは小さな集団を作って更新していることが多い。新しい林道の法面によく並んでいたりする。牧草地の縁にタニウツギと一緒に一列に生えていたりもする。時に地滑り地に純林のように成立していることもある。シラカンバやダケカンバのように数百メートルから数キロにわたる大一斉林を作ることはないが、数十メートル四方ほどの中規模の攪乱地にいち早く侵入している。ちょうどケヤマハンノキとよく似ている。人間が伐ったり台風が壊したりした森の傷口を素早く修復してくれる役目を果たしている。シラカンバやダケカンバなどの見られない冷温帯の下部、いわゆる南東北ではなくてはならない樹なのである。

尾根筋の明るいギャップが好き

樹木がどんな場所で分布するのか。それは、幼少期におおよそ決まる。種子が散布されてから発芽し、そして芽生えが定着するまでが、長い樹木の一生の中でも最も厳しい時期である。木が大きくなると死亡率は急に低下し始める。子供の頃に死亡率が高いのは野生のどんな生き物でも同じだ。しかし、動物と違って動けない樹木にとって、この時期に生き延びることができる場所がその樹木の生育場所、つまりハビタットとなる場合が多い。前述したようにケヤキが川沿いの急斜面に純林を作ることができるのは、芽生えが土砂の移動にも流されない強靱な根張りを持つため、といったようなことである。

アカシデはどこで生き残るのだろう。山地のどんな場所が好みなのだろう。ケヤキの章ですでに紹介した播種《はしゅ》実験では、アカシデを含む落葉広葉樹八種の種子を三ヶ所に播いた。小高い山地の平坦な山頂部と山腹の急傾斜地、そして平坦な谷底である。さらに、それぞれの場所で木を切り倒し

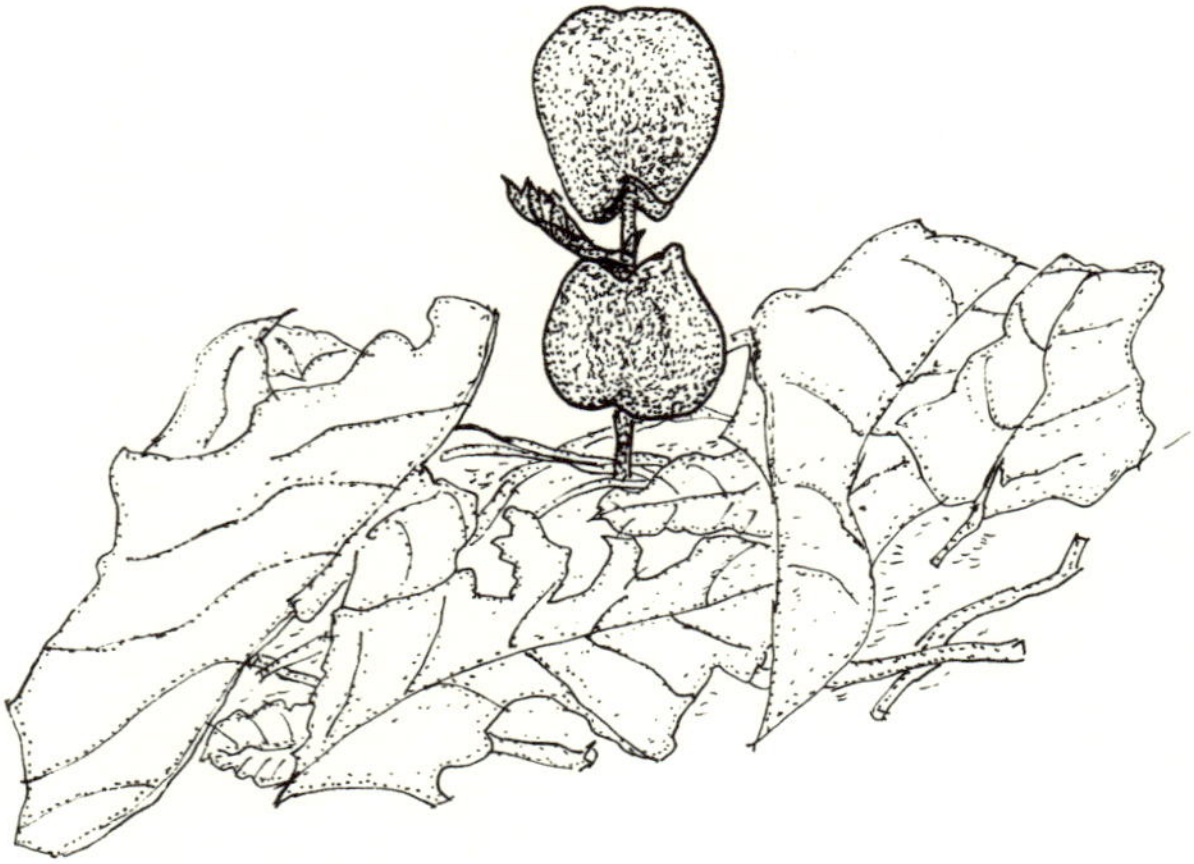

図 10-5　アカシデの芽生え

子葉の基部が楔形《くさびがた》になっているのが特徴だ。全体が丸みを帯びている。

て直径一二メートルの円形のギャップを作った。暗い林内で更新できるのか、明るい場所でなければダメなのかを調べるためである。

アカシデは急斜面や谷ではあまり生き残らず、山頂で最も生き残っていた（図10-5）。それも、ギャップのほうが暗い林内よりもずっと生存率が高い。この結果は納得のいくものであった。人の手のあまり入っていない一桧山保護林に作った六ヘクタールの試験地でもアカシデは斜面の上部に多く生育している。それも大きな地滑り地で更新している。大きく攪乱された明るいギャップにヤマハンノキとともに遠くから飛んできて、一斉に更新しているのである。老熟林の毎木調査と播種実験の結果が一致したのだ。やはり樹木のハビタットはかなり小さな頃に決まっていると考えてもよさそうだ。

混牧林

ウシを山の放牧地に追い上げるのは五月の連休明けである。東北大学フィールドセンターの年中行事だ。二〇〇頭もの和牛がくねくねとした急な山道をよだれと糞にまみれながら喘ぎ喘ぎ登っていく。冬の間、畜舎で過ごしていたので運動不足だ。真っ黒な黒毛和種や茶色の日本短角種が教職員や学生に追われながら辿り着いたのは標高六〇〇メートルの広い丘の上の放牧地である。周囲の山々にはブナの新緑が広がり、栗駒山の残雪を背景にウシたちが解き放たれていく。薄緑に萌えだした草を目指して歩いていく。多分、旧陸軍の軍馬補充部時代、いやもっとずっと以前から続いていたであろう風景である。

しかし、この年中行事も福島第一原子力発電所の事故によって一瞬にして途絶えた。放射性物質によって土壌が汚染されたのである。事故から八年経った。草地には、なぜかホオノキが目立つようになった。オオヤマザクラなども見られる。多分、鳥によって運ばれたものだろう。これまでは芽生えるとすぐにウシに食べられていたのがウシの不在で伸びてきたのだろう。それにしても、草地に一～二メートルほどのホオノキやサクラがニョキニョキと伸びているのは不思議な光景である。

図 10-6　混牧林で草を食んでいた短角牛

東北大のフィールドセンターに残る混牧林。アカマツの合間から短角牛の親子が現れた。じっとこちらを見ていたが、また草を食べ始めた。原発事故前の穏やかな風景である。ウシのいない混牧林で大きくなったアカシデは今、何を思っているのだろう。聞けるものなら聞いてみたい。

その放牧地の下にはアカマツとアカシデの混交林がある。ウシを放牧しようと数十年前にアカマツの造林地を強度に抜き切りしたところにアカシデが侵入したのである。このように森林の木々を抜き切りし、そこに家畜を放牧する林地のことを混牧林といい、古くから山間地で行われてきた。単純な草地に比べ多くのウシは飼えないが、森を禿山にすることなく樹木を抜き切りすることによっても少しずつ収入を得られる。それに残した木もしだいに太くなり価値が増す。畜産業としても林業としても一気に儲かることはないが、生態系もそこそこに保全され持続的な生産ができる。身近な自然とともに長く生きていこうとした時代の伝統的な土地利用である。対極にあるのが原発だ。自分らが生きている間儲かればいい、といった欲深い人たちが作ったシステムである。〝地球は長い時間をかけて、水、空気、土壌を作り、その中に多様な生物を養い、それらの相互作用が創り出すさまざまな恩恵を受けることで人間も生きていける〟。そんなことさえ想像できない愚かな人たちが作ったシステムなのだ。

その構造の稚拙さは取り返しのつかない環境汚染を地球に残した。その罪深さとそれを反省しない欲深さに、地球とともに素直に生きてきた樹々たちは、只々呆れ果てているに違いない。日本の山間地では美しい疎林で草を食むウシの姿が似合う（図10-6）。そんな風景から生産される木材で長く住める家を建て、肉も少しずつ食べ続けることができれば、もうそれでいいだろう。

第4章 人里近くで生きる

森林や樹木の調査はなるべく人の手の入らない老熟した天然林で行うように心がけてきたが、個々の樹種の形態や生理生態などを調べるのであれば近くの森、いわゆる里山と呼ばれるような二次林に行くことが多い。しかし、いつも思うのは老熟林に比べ人為の痕がその構造に色濃く残されているということである。近隣の集落の人たちが長年炭を焼き、薪を集め、時に椎茸などの原木を採取するために頻繁に利用してきた林である。その収奪とも言える過酷な伐採によって木々は細いまま維持され、遷移初期種など攪乱に依存した種が優占し続けてきた。そのせいか、外観はどことなく単調に見える。特に、老熟した保護林の調査をした後に見るととても貧相に見えたりする。

しかし、いま、里山の林は放置され木々は太くなりつつある。コナラやクヌギが優占していた薪炭林でもコシアブラやアオダモ、サクラ類、カエデ類などさまざまな樹種が混じり始めている。放棄された放牧地や田畑でも周囲に残っていた母樹から飛んできたタネが一斉に発芽してヤナギ林、イタヤカエデ林、アカシデやハンノキの混じった林などを作っている。ここでも中下層にはたくさんの樹種が育ち次世代の林冠木候補が見られている。今の日本の里山は人為的攪乱で遷移を止められた〝小径木〟の時代から、〝大径木〟の成熟林への遷移の道を辿りつつあるようだ。とはいえ、遷移が進み本来の森の様相を取り戻すには樹木の年齢で一世代も二世代も、つまり一〇〇年も二〇〇年もいるだろう。

しかし、そんな悠長な自然の営みを誰も待ってはくれない。パルプチップはもとより燃料材、それにバイオマス発電の原料としても里山の広葉樹二次林は狙われている。また、収奪の時代に戻すわけにはいかない。遷移に沿っていけば持続的な林業も可能だと考えられる。そのためには、まず、樹々の言葉に耳を傾け樹々のことを深く知ることから始めなければならない。そうすれば、樹々本来の価値を見出す林業が可能になるだろう。

この章では、山里でよく見られるコナラを取り上げた。また、見かけることは少ないが、ヤマナシも添えてみた。人里近い山道沿いでよく見かけるのは花も実も好きな人が多いからなのだろう。

コナラ

里山の白い煙

戦後開拓の山間地に移り住んだ二〇〇二年、山裾から見渡すと狼煙《のろし》のような白い煙が四本たなびいていた。炭を焼いているのだろう。見に行くと、炭窯《すみがま》の脇に切り出され四つに割られたコナラが山のように積んであった。長持ちする堅い炭を焼き生業にしている人もいれば、すぐ砕けるような柔らかい炭を趣味で焼く人もいた。しだいに立ち上る煙も少なくなり、今では白い煙を見ることはなくなった。薪や椎茸を売っていた屈強なジイサンも伐採作業はやめたという。コナラ林を生活の糧とする人はこの山里にはいなくなるのだろうか。

炭や椎茸の原木はコナラやミズナラ、クヌギである。直径一〇センチから一五センチくらいにな

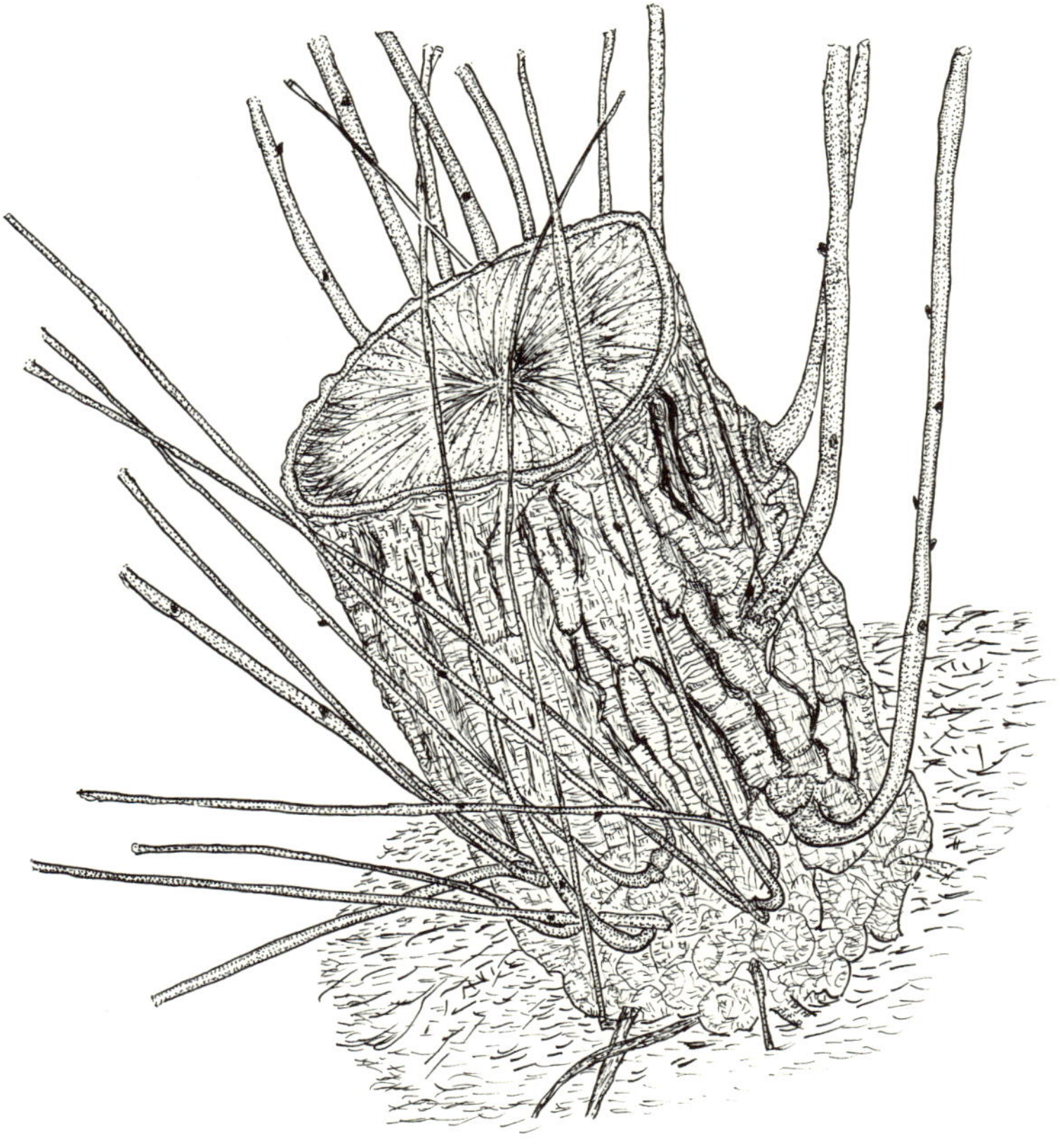

図 11-1　コナラの切り株から出た萌芽枝

近所の農家の人が、畑が暗くなったのでコナラを伐ったと言っていた。その切り株からたくさんの萌芽枝が出ていた。

ると伐採した。翌春には根株から新しい萌芽枝が伸びてくる（図11-1）。伐採と萌芽を短期間に繰り返し、他の広葉樹を除いているうちにコナラやクヌギが優占してしだいに純林のようになっていく。落ち葉を肥料に、菌類や昆虫とのネットワークを農薬にして、里山の人たちは生態系の旨味をうまく引き出し原木林を維持してきた。そんな原木林は萌芽のどんなメカニズムに支えられているのだろう。

潜伏芽という保険

コナラ、ミズナラ、クヌギ、カシワ、アベマキなどコナラ属の樹木は伐採後、翌春には萌芽してくる。しかし、伐採跡地でミズメやミズキなどの切り株を見ても萌芽はしていない。どうして萌芽しやすい木とそうでない木があるのだろう。

樹木の萌芽メカニズムの一端を垣間見たのは学生の頃だった。北海道大学の造林学研究室に長谷川栄さんという先輩がいた。海岸沿いのカシワ林の研究をしていた。カシワは強烈な潮風で樹体が傷つけられても萌芽し、再生しながら生き伸びるので、防風林として利用されていた。どこから、どのようにして萌芽するのだろう。調べているうちに長谷川さんは、カシワの萌芽枝の起源は「潜伏芽」だということに気づいた。潜伏芽とは芽が作られても開かず、休眠したまま樹体内に残って

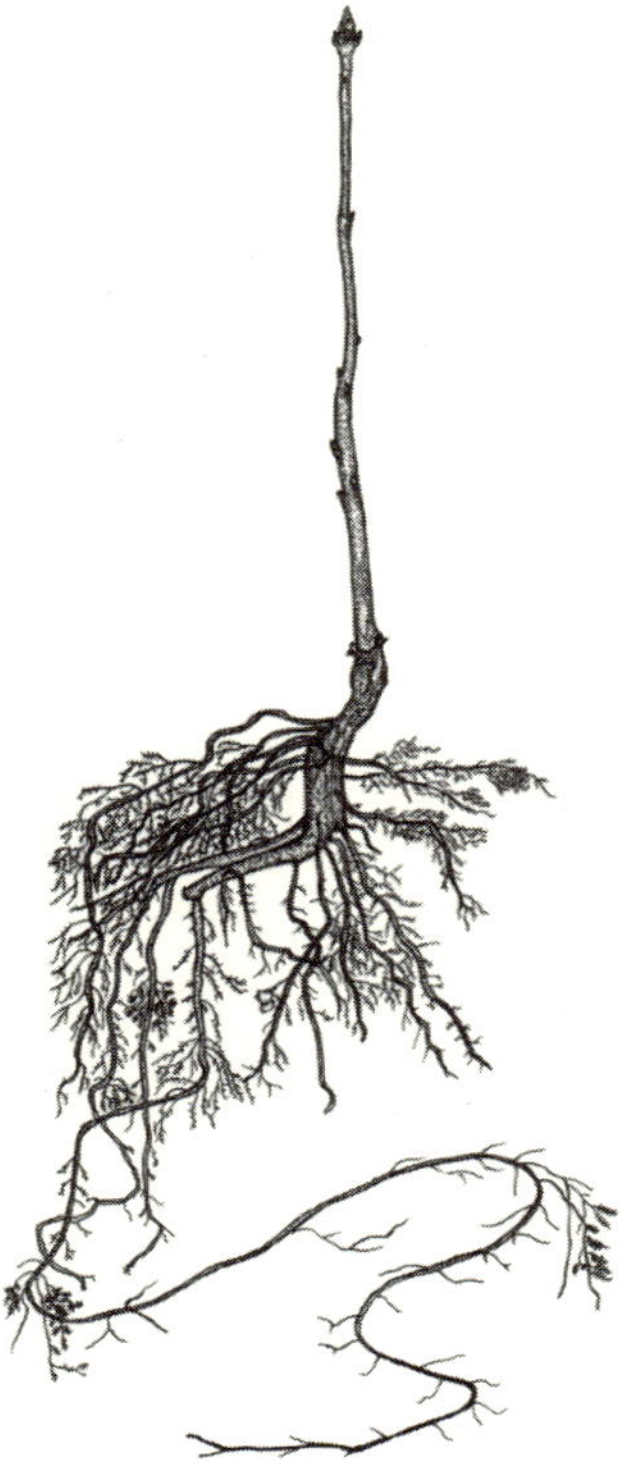

図 11-2　コナラ属の実生の冬芽と翌春の開芽

落葉後のミズナラの当年生実生は冬芽をたくさん持つ。頂芽と頂生側芽は大きいが、主軸の下の鱗片葉の葉腋につく冬芽は小さい（左）。

一方、コナラの一年生実生は先端の頂芽だけ開芽した（右）。下のほうの小さな芽は休眠したままで死ぬことはなく潜伏芽になっていく。

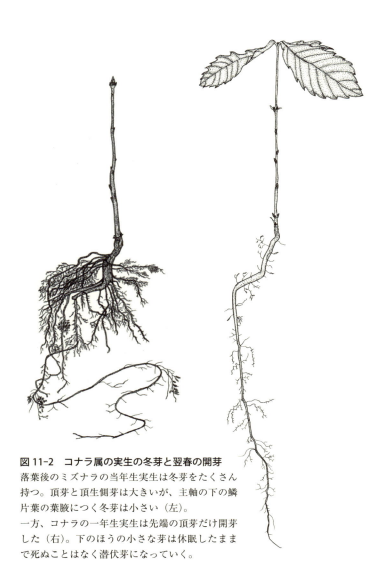

いるものである。

コナラ属の樹木（ミズナラ）の芽生えを見てみよう（図11-2左）。秋に落葉した後の姿を見ると主軸の先端に大きな芽、「頂芽」がある。それを取り囲むように頂生側芽と呼ばれる比較的大きな芽が数個見られる。これらの芽のほとんどは、翌春、開芽し新しいシュートを伸ばす。特に大きな頂芽はまっすぐに伸び実生の伸長成長を任されている。漫然と見るとこれで終わりだが、よく目を凝らして実生の主軸を見ると主軸の下のほうにも小さな芽が五、六個ついていることがわかる。これは小さな鱗片葉の葉腋についた小さな芽、「腋芽《えきが》」である。これらの芽はほとんど開芽しない。休眠したまま樹皮の内側の形成層の付近に残るのである。その後、主軸（幹）が肥大成長しても樹皮のすぐ内側で形成層に巻き込まれないようにして生き続ける。長谷川さんは面白いことを観察していた。カシワでは子葉の腋芽は、生き続けるだけでなく幹の成長に伴い分裂して増えていくのである。当年生のときに一個だった腋芽が一年生時には五個に増えていた。子葉のすぐ上の鱗片葉の腋芽は二年生時には六個まで分裂して増えていたのである。芽生えが成長する過程で潜伏芽たちはさらに分裂し、たとえ幹が肥大しても樹皮の内側で生き続けていく。つまり、樹が成長するにつれ、樹体内には多くの潜伏芽が蓄えられ、いざというときに備えているのだ。

樹木にはアクシデントが多い。主軸をネズミやカモシカにかじり取られたり、台風で幹が折れたり、強い潮風で当年生枝が枯れたりする。そんなときに備えた保険として、潜伏芽が活用されるの

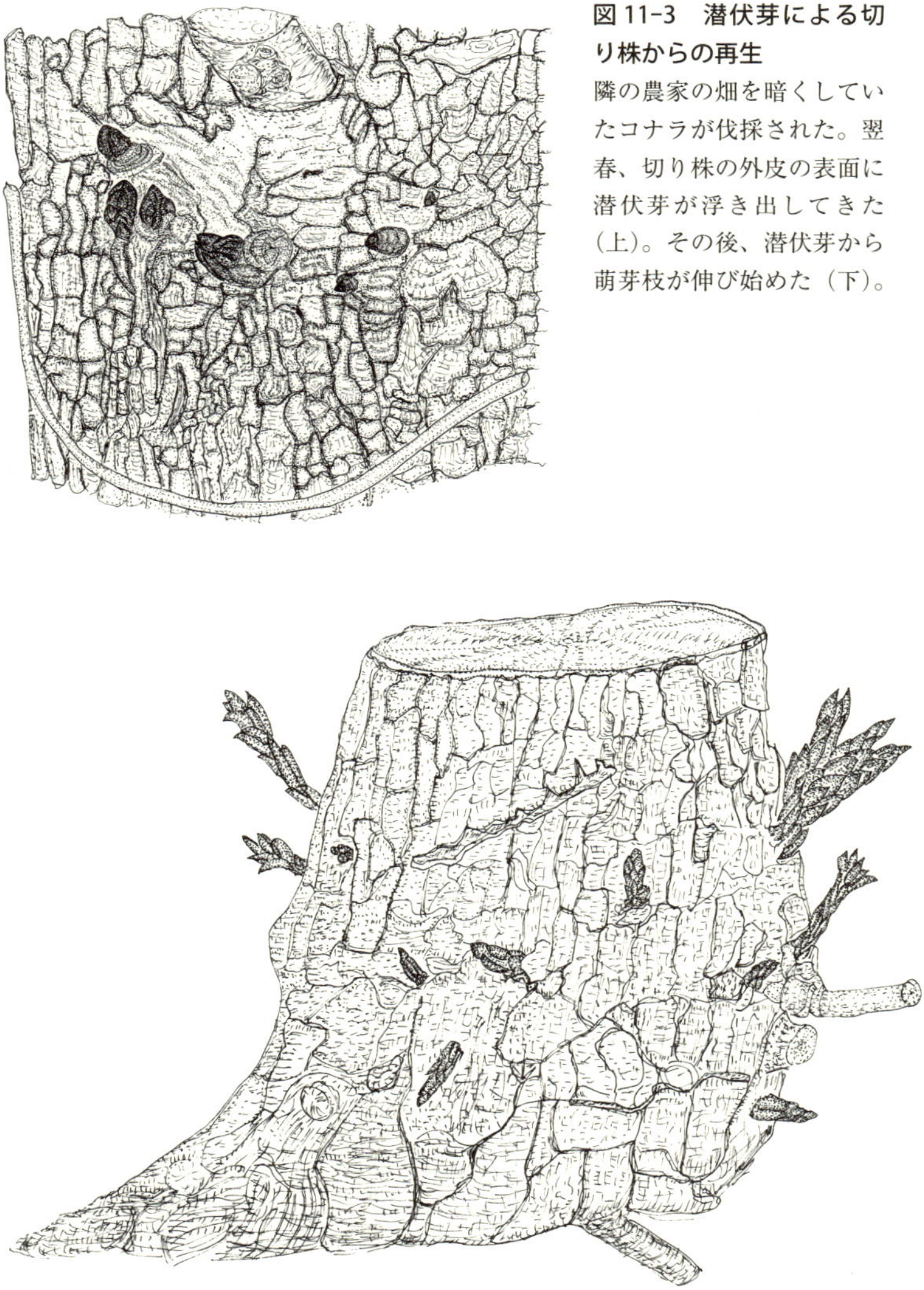

図 11-3　潜伏芽による切り株からの再生
隣の農家の畑を暗くしていたコナラが伐採された。翌春、切り株の外皮の表面に潜伏芽が浮き出してきた(上)。その後、潜伏芽から萌芽枝が伸び始めた（下)。

である（図11-3）。

実生由来のコナラ林

コナラが優占するのは必ずしも萌芽更新を繰り返した里山だけではない。薪炭林や椎茸原木林以外でもコナラ林ができている。宮城県北部にある東北大学フィールドセンターのコナラ林の一部は、牧草地が放棄された後にできたものである。センターの前身は旧陸軍の軍馬補充部で、戦前は当時の満州などに軍馬を送っていた。標高四〇〇〜六〇〇メートルのなだらかな山あいを馬たちが走り回っていた。放牧地の周囲には高さ一・五メートルほどの土塁が万里の長城のように張り巡らされ、今でも残っている。

土塁の中で見られるコナラの単純林は、多分、馬の日陰用として尾根筋に残した樹林帯から散布された種子に由来するものだろう。しかし、その成立経過を見たわけではないので、どういうふうに実生由来の単純林ができたのかは定かではない。カンバ類やハンノキ類は小種子を大量に散布するので大きな空き地で一斉更新するのは想像できるが、大きな堅果を持つコナラがどのようにして一斉林を作っていったのだろうか。

コナラが群れる不思議を解く——菌根菌を介して子供の面倒を見る

コナラはなぜ、集団を作るのだろう。コナラの堅果を親木の下と親木から遠く離れた場所の二ヶ所に埋めて、翌年観察すると親木の下のほうが離れた場所より多くの実生が生き残っていた。親木の下のほうが病気にかかりにくかったためである。コナラは、外生菌根菌と共生するタイプである（コラム2参照）。したがって、ブナと同じように親木近傍で感染しやすい外生菌根菌が実生の細根を覆って病原菌の感染を防いでいたのかもしれない。菌根菌の働きによってコナラの親木の近くに子供が定着しやすく、しだいにコナラは群れて棲むようになったのではないか。この仮説は検証する価値がありそうだ。今度は親木からの〝距離別〟に堅果を播き、親木に近いほうが菌根菌に感染しやすく、子供を助けているのか否かを調べてみることにした。

コナラは耐陰性の低い陽樹である。そこで暗い林内だけでなく、明るいギャップも作って観察することにした。まずは、播種実験に適した場所探しである。何日もフィールドセンター内の広い森を歩いた。牧草地の放棄後に更新した広いコナラの純林があった。幸いにも浅い窪地を境にイタヤカエデの純林と隣接していた。それも両者の境は直線でまっすぐに左右に分かれていた。コナラ林からの距離別に種子を播くことができる。またとない格好の場所だ。ちょうど内モンゴル自治区から来ていた留学生、ウラントウーヤさんの博士課程の研究をここで行うことにした。両林分の境界線を真ん中にしてイタヤ林・コナラ林の内部の奥のほうまで境界線から垂直方向に（直角に）細長いベルトを作り、コナラの堅果を播いた。次にギャップ作りだ。少し離れた場所の木を細長いベルト状に切ってギャップを作り、同様にコナラの堅果を播いた。一安心だ。あとは春が来たら調査するだけだ。しかし、雪解け後、調査地に行って驚いた。暗い林分に播いた堅果の半分はネズミに食べられていた。残りも発芽直後に堅果を食いちぎられ死んでしまった。残念だが仕方がない。よくあることだ。

ギャップに播いたコナラは食われずにほとんどが発芽した（図11-4）。芽生えは地上に顔を現すや否や上胚軸がスルスルと伸びてきた。伸びきらないうちに葉を開き始め、伸びきったときにはあっという間に大きな葉が三〜五枚展開し立派な体を作った。コナラのすごさは地下にある。ドングリは、地面に落下したりネズミに埋められたりした後一〜二週間で数センチほど根を伸ばす。春先、まだ葉を開く前にドングリを掘り起こすと、地上部の芽が二センチほどなのに対し根は一〇センチほどにも伸びていた。根はすでに茶褐色で木化し、主根は四ミリほどに太くなっていた。そこから細いひげ根をたくさん出していた。コナラは地上部より地下の根の充実をまず優先させているようだ。これは、地上部が食害されてもいち早く再生できるように根に炭水化物をたくさん溜め込むためだろう。それよりも、なるべく早く菌根菌と共生しようとしているためかもしれない。

特にコナラ林があった場所で成長が最も良かった。しかし、そこから離れるにつれ、つまりイタ

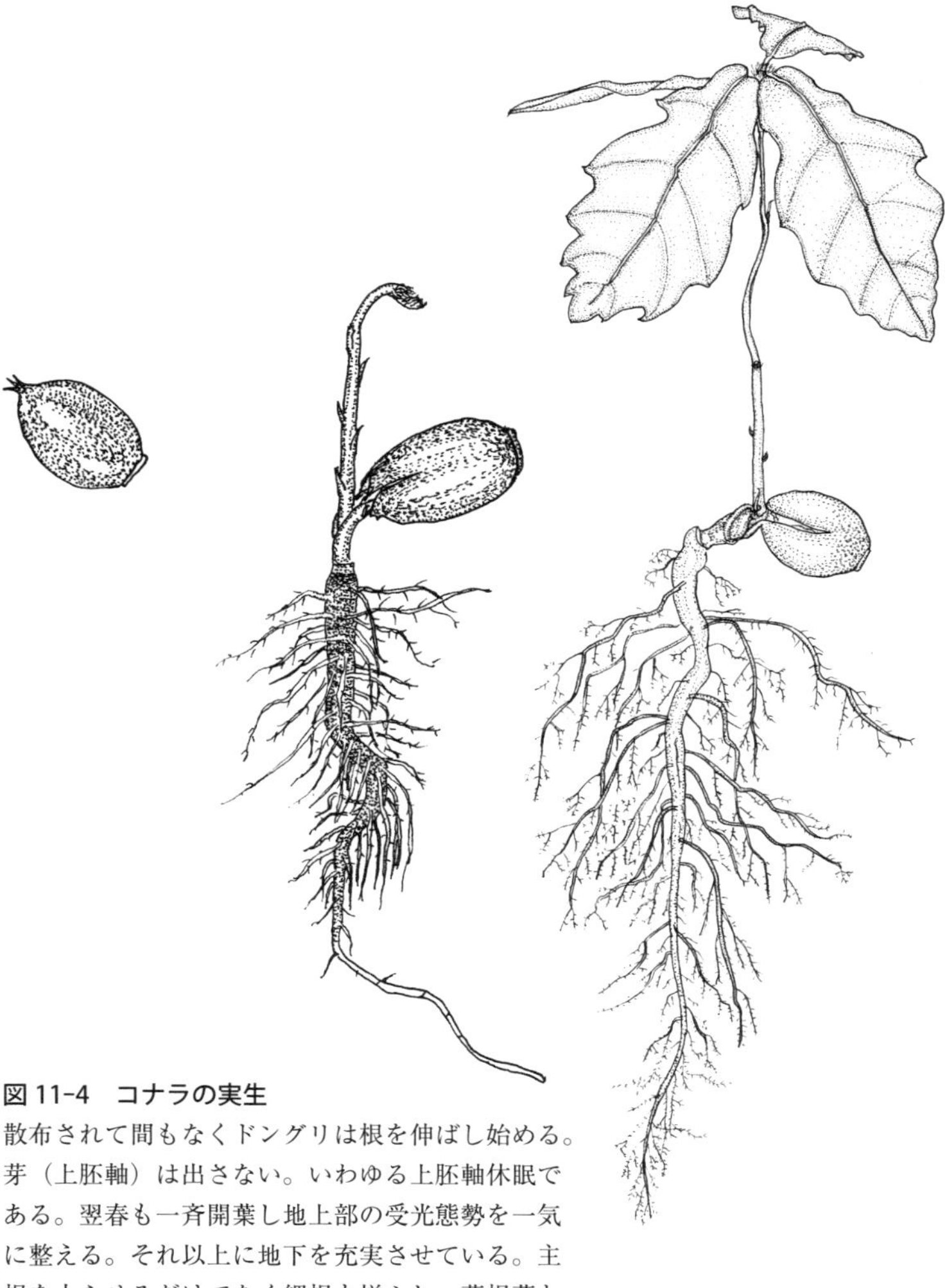

図 11-4　コナラの実生

散布されて間もなくドングリは根を伸ばし始める。芽（上胚軸）は出さない。いわゆる上胚軸休眠である。翌春も一斉開葉し地上部の受光態勢を一気に整える。それ以上に地下を充実させている。主根を太らせるだけでなく細根も増やし、菌根菌との共生の準備を怠らない。

ヤ林の奥に行くにつれて芽生えは小さくなり、死んでしまう個体も増えていった。その理由はやはり菌根菌との共生関係にあると考えられた（図11-5）。外生菌根菌の感染率はコナラ林があった場所で最も高く、そこから離れるにつれて低くなった。つまり、外生菌根菌はもともとコナラの親木の根に感染しており、親木に近いほど感染率が高かったのである。そして感染率の高い個体ほど大きく成長していたのである。菌根菌の菌糸は土壌の狭い隙間にも入り込み栄養分や水分を吸収してコナラの芽生えに供給している。したがって、親木に近いところで芽生えも大きくなり、遠ざかるにつれて小さくなったのである。さらに外生菌根菌は実生の根の周りを包み込むようにしていた。親木の周辺で活動性の高い病原菌に対しても防御を厳重にすることによって芽生えを守っていたのだろう。

コナラの純林ができていく様子を想像してみよう。まず花を咲かせ堅果を成熟させる（図11-6、11-7）。ネズミたちが堅果を運び親木の近傍に埋める。林内に埋められたものはほとんど食べられるか、発芽後も長くは生きていけない。しかし、コナラの母樹の近くでギャップができれば、外生菌根菌の助けを借りながら、親の傍で大きく育つことができるであろう。例えば、母樹近くで、樹々が台風でなぎ倒され大きなギャップができたり、人為的に伐採されたり、あるいは牧草地や畑などが放棄された場合などだ。また、親木と子（実生）は菌根菌が仲立ちして「菌糸ネットワーク」を通じて結ばれ、親から子に養分が渡されているのだろう。つまり、コナラは自分の近くで芽

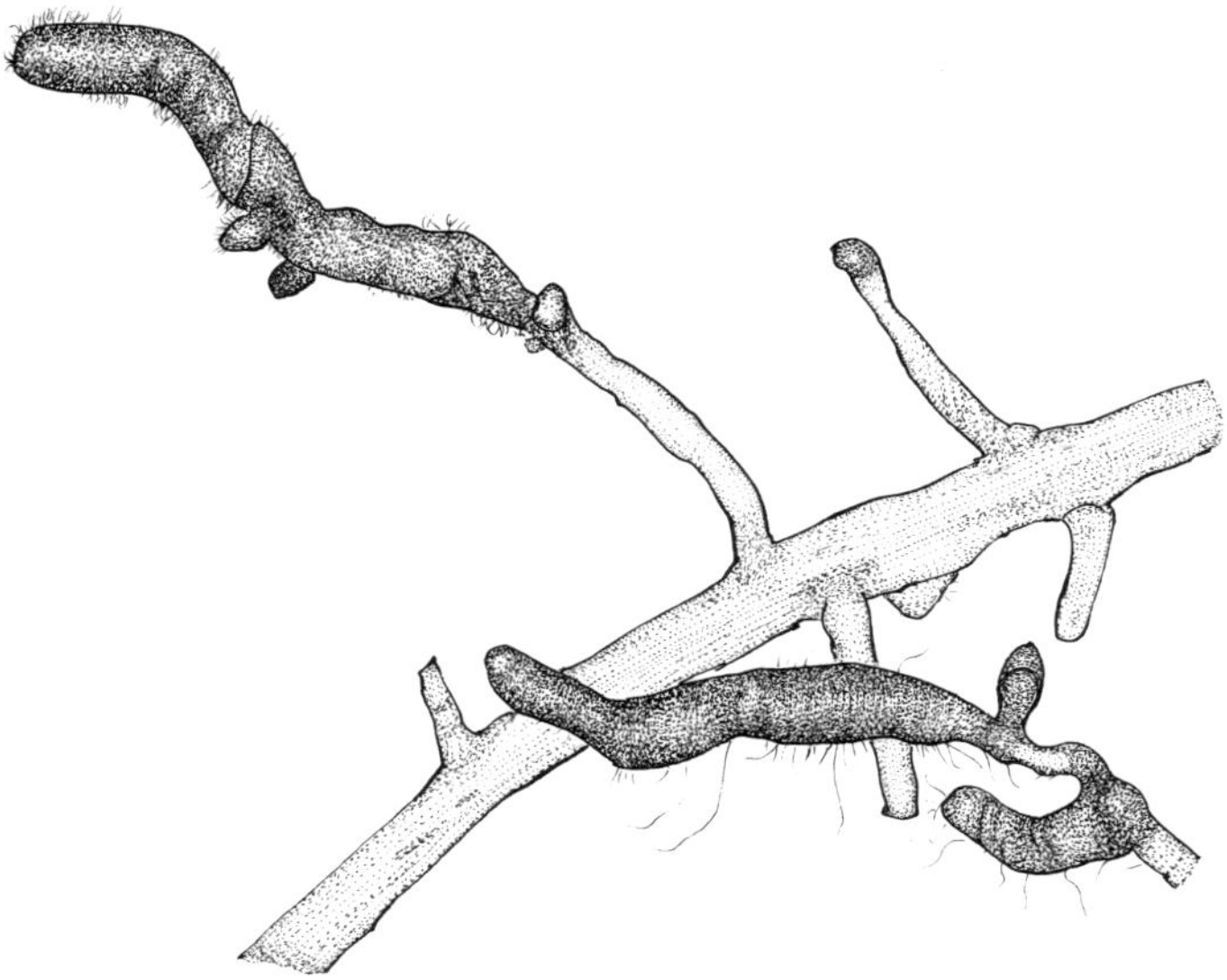

図 11-5　コナラの芽生えに共生する外生菌根菌
コナラの根の先端に外生菌根菌が感染している。外生菌根菌はコナラの細根を覆い守っているように見える。菌糸はコナラの根に比べかなり細く、根が入れない土壌中の狭い隙間からも栄養塩を吸収し実生に与えている。菌糸はもっと長いのだが、この絵では切れてしまっている。

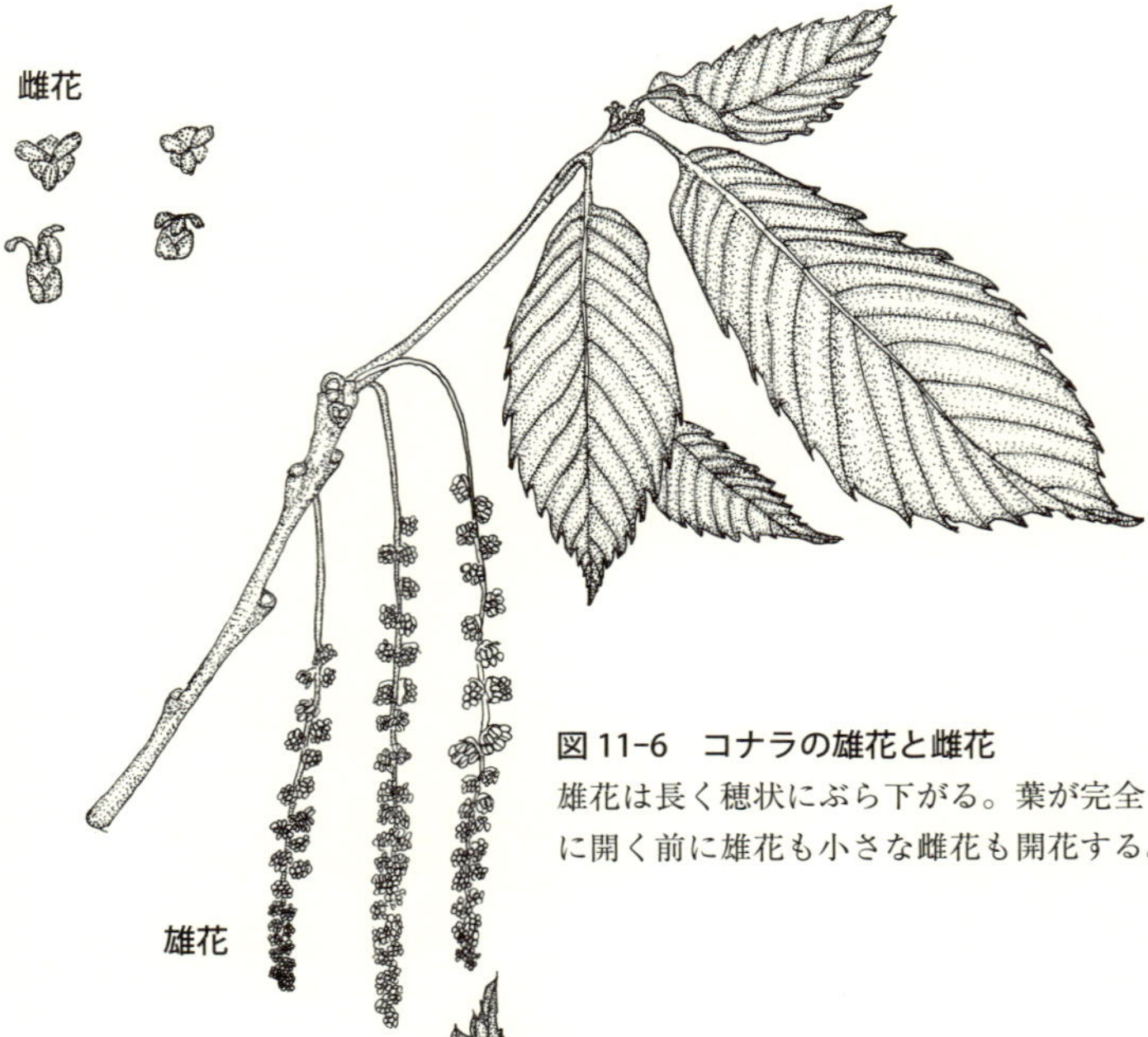

図 11-6　コナラの雄花と雌花
雄花は長く穂状にぶら下がる。葉が完全に開く前に雄花も小さな雌花も開花する。

図 11-7　コナラの堅果
葉も堅果もミズナラと似ている。しかしコナラは葉柄が長く、堅果もかなり小さいので区別がつく。

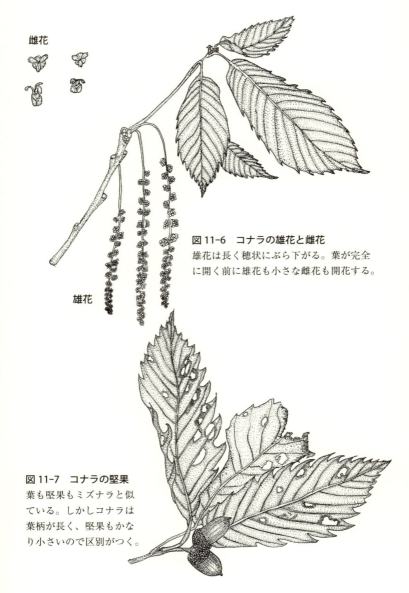

生えた子供を生まれた後も庇護しているのである。直接、なでたり、励ましたり、ご飯を食べさせたりしているわけではないが、外生菌根菌という〝ともだち〟を介して面倒を見ているのだ。樹木も子供の面倒を見るのである。その結果、群れて暮らしているのだろう。

ギャップと菌根菌

親木の下の土壌には病原菌もいれば菌根菌もいる。実生がどちらに強く影響されるかはコラム2で見た通り菌根菌のタイプによって違うようである。我々の観察によれば、ブナやコナラなどと共生する外生菌根菌は土壌中の病原菌が根を攻撃しないように実生を守る力が強いため、親木の下でその子供が育ちやすいようだ。一方、ミズキ、ウワミズザクラ、ホオノキ、イタヤカエデなどでは、共生するアーバスキュラー菌根菌が土壌中の病原菌や頭上から降ってくる葉の病気などから実生をあまり強く守ってくれないようだ。だから病気によるダメージのほうが勝り親木の下ではその子供は育たないようである（『樹は語る』参照）。

熱帯にはアーバスキュラー菌根菌タイプの樹木が多く、逆に温帯では外生菌根菌タイプが多い。もし、温帯林の多くの樹々が外生菌根菌の菌根菌ネットワークを通じて母樹周辺に自分の子供を定着させることができるのであれば、「温帯林に純林が多く、熱帯より種多様性が低い」のは菌根菌との関係から説明できるかもしれない。しかし、そう簡単な話ではない。森の中には木が倒れたりしてギャップが必ずできる。ギャップの形成は菌根菌との関係を変えているようだ。

ギャップができると、まず実生が活発に光合成をし始める。そうすると菌根菌にたくさんの光合成産物を与えることができる。すると実生の根で菌根菌はますます増えていき、芽生えに水分や土壌の栄養塩を大量に送り込むようになる。実生は大きくなれるだけでなく、病原菌などの天敵に対抗できるタンニンやフェノールといった防御物質もたくさん生産できるようになる。このように、ギャップでは実生への菌根菌感染率が高くなることによって実生は大きく育ち、長く生き延びる個体も増えてくる。さらに面白いことに、ギャップでは暗い林内に比べ、外生菌根菌タイプのコナラだけでなくアーバスキュラー菌根菌タイプのイタヤカエデも、親木の近くで菌根菌に感染し大きく育っていた。ギャップでは菌根菌タイプに関係なく親木の下で子供が育つ場合があるようだ。ギャップができると同種が周囲に広がっていくのである。つまり、ギャップがしょっちゅうできるようなところでは種多様性は減る方向に向くかもしれない。

ただ、そう結論するのは早計だ。新疆《しんきょう》ウイグル自治区から来たモンゴル人留学生のバインダラさんが、明るいギャップでもミズキやウワミズザクラの実生は親木の近くでも全部葉の病気で死んでしまったことを見出したのである。それもアーバスキュラー菌根菌にかなり感染していたにもかかわらずである。多分、葉の病気の毒性が強すぎたのだろう。

やはり、一筋縄ではいかない。子供がどこで生き延びるのかは種多様性を決める大きな問題だが、それには菌根菌タイプ、病原菌の毒性、それにギャップの形成などさまざまな要因が関わっているようだ。一つひとつ、明らかにしていくしかない。森の研究はいつも〝始まったばかり〟に思える。

コナラの机——新しい里山を目指して

今、多くの薪炭林や椎茸原木林が放置されている。山里の過疎化・高齢化だけがその理由ではない。東日本では福島第一原発の事故による放射性物質の拡散が追い討ちをかけた。椎茸ホダ木は特に大きなダメージを受けた。ホダ木に菌糸を張り巡らした椎茸菌は付着した放射性物質をかき集め、そして可食部分の子実体《しじつたい》（キノコ）に濃縮する。これでは原木も売れない。かといって放置し太くなったコナラは伐採しても萌芽再生しなくなる。どうすればいいのか。福島の森林組合の組合長が相談にやってきた。長い間、高い技術で原木を生産・販売し定期的な収入を約束されていた組合であった。みんな途方にくれていた。

そんなとき、コナラで学校机の天板を作っている森林組合が宮城の登米《とめ》にある、と誰かが教えてくれた。早速、みんなで押しかけ説明を受けた。乾燥の仕方など難しい技術を惜しげもなく教えてくれた。いずれ福島でもコナラの立派な家具や建具を販売する日が来ることを祈りたい。

図 11-8　コナラの老巨木

胸高直径が 137cm もある。1m を超えるブナ、イタヤカエデ、クマシデ、ミズナラなどと混じりながらそびえている。細いコナラが集団で群れている里山の薪炭林を見慣れている人にとっては驚きである。コナラが巨木になり他の木々と混ざり合うようになるにはどれくらいの時間を経ればよいのだろう。

山伏が駆ける

岩手県の南にピラミッドの形をした小さな山がある。そこには人手の入った痕跡が見られない森がある。その昔、修験者《しゅげんじゃ》が駆け抜けた山だ。周囲はスギ林に囲まれているが一歩中に踏み込むとそこは別世界だ。極めて狭い場所だが、そこには直径が一メートルを超えるブナ、イタヤカエデ、クマシデ、ミズナラなどが混在している。もちろんコナラも見られる（図11-8）。興味深いことにこのコナラは一本ずつ孤立している。巨木同士は混じらず、群れず、お互いに離れて立っている。

なぜなのだろう。森も行き着くところまで行くとコナラも群れなくなるのだろうか。ブナやミズナラなど普通の天然林では群れているはずの木々もここでは互いに離れて立っている。ちょっと不思議な感じのする空間である。それにしても、巨木の居並ぶ空間には心の底からゆったりとさせる何かがあるような気がする。

Column 6

頂芽優勢が作る潜伏芽——再生するための萌芽

個体を再生させるための萌芽

強い萌芽再生能力は炭焼きや椎茸生産には好都合だ。原木を定期的に採取できるからだ。しかし、幹から萌芽枝が出ると、製材した材には節《ふし》が浮き出て、無節材生産には不都合だ。

混み合ったスギやカラマツの人工林を間伐（抜き切り）したあと、残った木の幹から後《こう》生枝《せいし》と呼ばれる萌芽枝がたくさん出る。混み合って樹冠が小さくなったので、葉の量を増やそうとしているのだ。切り株からの萌芽再生と同じように瀕死の個体を再生しようとする自然な反応である。樹体が傷つかなくても形成層から新しい「不定芽」を作り、根元から絶えず萌芽してくるカツラやシナノキ、ホオノキなどとは別の応答である。ここでは、伐採や台風・洪水等による幹折れなどによって個体の存続が危ぶまれるときに潜伏芽から萌芽再生するメカニズムを見てみよう。

樹木は芽をたくさん作るが、必ずしもすべては開かない。いくつかは残しておく。残す潜伏芽が多いほど切り株や幹から萌芽枝が出やすいのだろう。では、潜伏芽の多い少ないは何が決めているのだろう。実生でも枝でも秋にはたくさんの冬芽をつけていて、先端の芽は春になれば必ず開く。開かないとその次の年につながらないからだ。しかし下のほう

（基部）の芽は開かなくても生きてはいける。開かない芽が多いほど潜伏芽も多くなり、いざというときに対処できる。では、どういう仕組みで芽が開かないのだろう。

頂芽の大きさと開芽率

「頂芽優勢」だ。頂芽優勢とは頂芽（先端の芽）の開芽や伸長が優先され側芽の開芽や伸びが抑制されることをいう。多分、樹種によって潜伏芽の数が違うのは頂芽優勢の程度が違うためだろう。では、頂芽優勢の程度を調整しているのは何なのだろう。それは頂芽の大きさではないか。そうひらめいたのは本書に何度も登場いただいた菊沢喜八郎さんだ。頂芽が側芽に比べて大きいほど頂芽優勢が強いだろうと推測した。カシワやコナラ、ミズナラなどでは頂芽やその周

図コラム 6-1　カシワとコナラの冬芽の配置とコナラの一年生枝からの展開

カシワ（左）もコナラ（中）も頂芽と頂生側芽が大きく、基部の芽は小さい。翌春、コナラは頂芽だけが開芽し当年生枝を伸ばした（右）。基部の芽は開芽せず潜伏芽となる。

囲の頂生側芽も大きい（図コラム6-1）。しかし、基部の腋芽は小さい。大きい芽は開芽するが小さな芽はそのまま休眠してしまう。一方、ミズメやヤナギなどは秋に当年生枝を見ると先端でも基部でも芽の大きさはほぼ同じで、小さい冬芽が同じような間隔で並んでいる（図コラム6-2）。このような樹種では、春になるとほとんどの芽が開いてしまう。

菊沢さんは一つのシュートにつく芽の何パーセント（重さ）が頂端部分に含まれているのかを「芽の頂端集中度」として頂芽優勢の指数とした。予想通り、芽の集中度の高いミズナラ、コナラ、クリ、イタヤカエデなどは芽の開芽率が低く、休眠する芽のほうが多い。つまり潜伏芽として幹に残る可能性が高い。一方、芽の集中度の低いケヤマハンノキやシラカンバ、ミズメ、ヤナギ類などは開芽率が

図コラム6-2　バッコヤナギとミズメの冬芽の配置とミズメの当年生枝の展開

バッコヤナギ（左）もミズメ（中）も秋に当年生枝を見るとその上に同じ大きさの冬芽を均等に配置している。翌春、ミズメの冬芽はすべて開芽した（右）。したがって潜伏芽はほとんど備蓄されない。

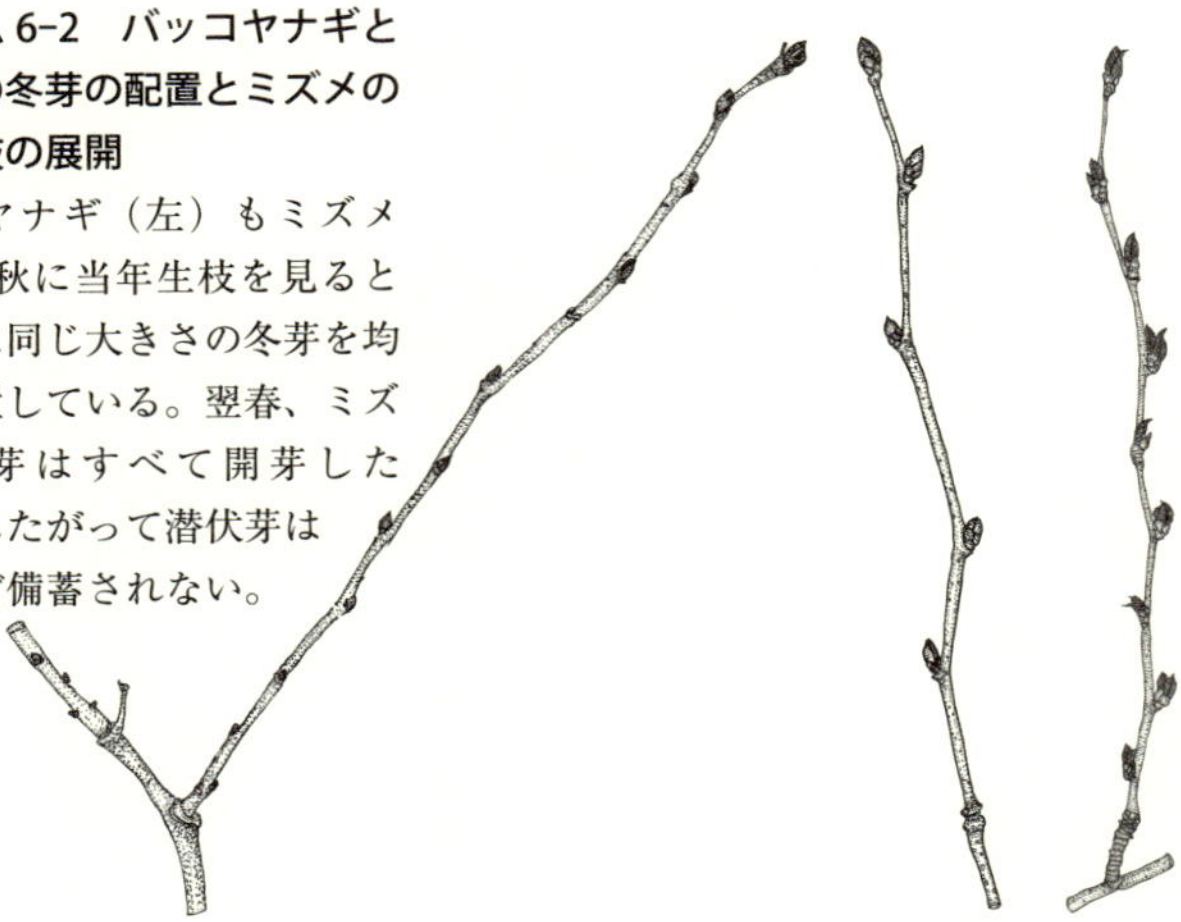

高く、潜伏芽はあまり期待できない。

休眠芽（潜伏芽）が多いと萌芽しやすい

では、開芽率が低いほど潜伏芽由来の萌芽が起きやすいのか。東北の若い二次林で、林道沿いの細い木を伐採して翌年に萌芽数を調べてみた。予測通りであった。コナラやミズナラ、クリは切り株からたくさんの萌芽枝が出現し、一方、ケヤマハンノキやミズメでは萌芽枝がほとんど見られなかった。つまり、秋に当年生枝の先端に大きな芽が集中する種では頂芽優勢が強く、基部の小さな芽は休眠し潜伏芽として樹皮の内側に蓄積され、伐採後に一斉に萌芽する。逆に、当年生枝の先から基部まで同じ大きさの冬芽が均等に散らばっている樹種では頂芽優勢は低く、翌春、ほとんどの芽が開芽してしまうので、潜伏芽の蓄積は少なく、伐採されても萌芽してこないのである。

ただし、例外が見られた。ヤナギ類である。オノエヤナギやイヌコリヤナギなどの川のヤナギ、バッコヤナギやキツネヤナギなどの山のヤナギも当年生枝の基部から先端まで小さな冬芽をたくさん並べているが、そのほとんどが開芽する。頂芽優勢が働かないので休眠芽は少なく潜伏芽として残せるものはほとんどない。しかし萌芽しないと予測していたにもかかわらず、伐るとたくさん萌芽してきた（図コラム6-3左）。その秘密は意外だった。

当年生枝が脱落した痕をなんとなくのぞいてみて驚いた。なんと、そこには小さな一対の冬芽が並んでいたのだ（図コラム6-3中・右）。注意しないと見えないほど小さい。当年生枝が抜け落ちた小さな半球形の穴に二

図コラム 6-3　バッコヤナギの萌芽と当年生枝脱落痕に見られる一対の休眠芽

バッコヤナギの幹を鋸で伐ると、翌春萌芽した（左）。すべて２本の当年生枝が対になって出ていた。オノエヤナギ（中）とイヌコリヤナギ（右）の当年生枝の脱落痕に見られる一対の休眠芽。これがいざというときに萌芽する。

つの突起物のような小さな冬芽が見える。これが、いざというときの芽の備蓄になっているのだろう。川沿いに棲むヤナギは大きな洪水で幹や枝が折られたり、根こそぎなぎ倒されたりする場合が多い。山のヤナギも周囲の木々がなぎ倒されるような強い台風に巻き込まれ傷つくこともある。そんなときに萌芽再生するために、休眠芽を準備しておくことは生き延びるために大事なことなのである。

ヤマナシ —— 山梨

放牧地に咲く白い花

五月の晴れた日、学生たちと定期調査に出かけた。ミズナラの実生がネズミに食べられ全滅していた。想定外のことだった。

遠くに目をやると白い花が樹冠一面に咲いている（図12-1）。みんなで見に行った。学生たちは走っていった。ヤマナシの太い老木だ（図12-2、12-3）。ウシのいない広い牧草地の端にポツンと立っている。濃くなってきた黄緑色とまだ薄青い空を背景に白い花々が輝いていた。老ヤマナシが満面に微笑みをたたえている。若い学生たちが近寄ってくるのを両手を広げて迎えているようだ。こういう風景もある。だから、森に行くのは楽しい。

図 12-1　ヤマナシの花

白い花弁にうっすらと混じる薄紅色がとてもきれいだ。

図 12-2　ヤマナシの短枝

樹冠の下のほうに多い枝で毎年ほとんど伸長せず、葉をたくさんつけている。樹冠の上のほうにはよく伸びる長枝が多く、樹体形成を担う。

図 12-3　牧草地脇の老ヤマナシ
調査地に行く途中の小道に立っている。春と秋、満開のときと果実が熟したときには毎年車を止めて立ち寄る樹である。

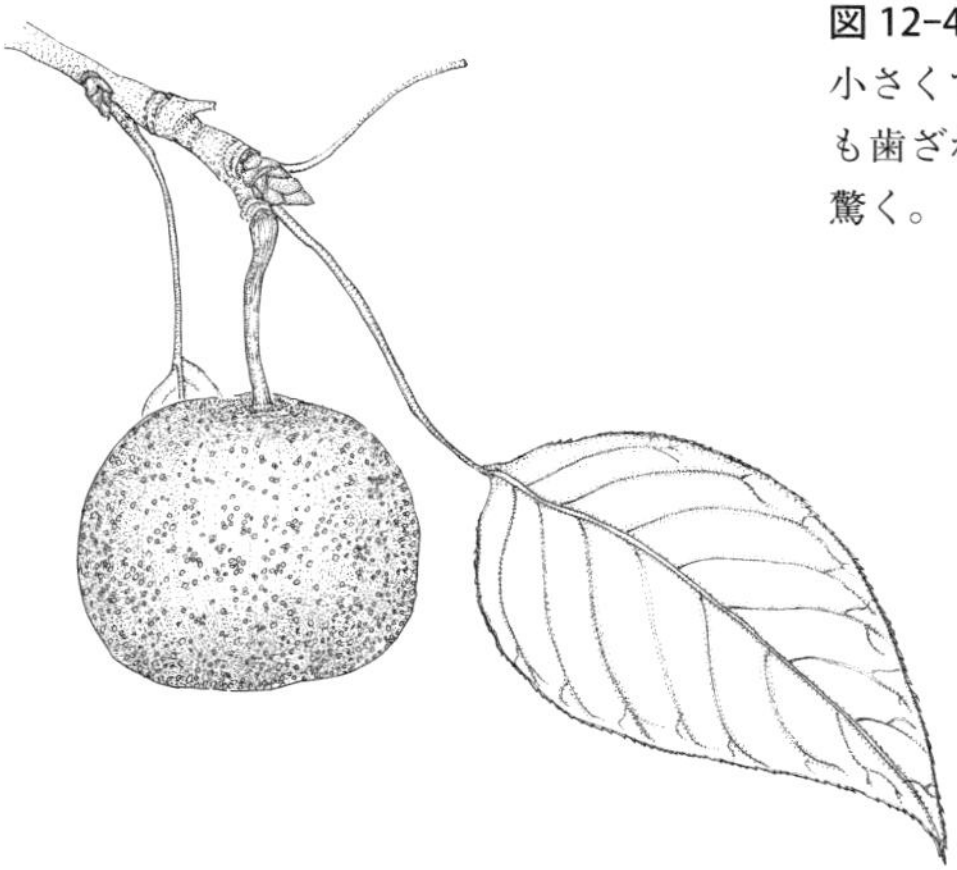

図 12-4　ヤマナシの果実
小さくて固そうに見えるが、味も歯ざわりも見た目との違いに驚く。

野生の甘み

栽培している梨とは違う甘みだ。べたつかない野生の甘みである。口当たりはざらつくがけっして粗野ではない。むしろ、心地よい嚙みごたえである。花の姿同様、控えめな果実である。

庭に植えた一本のヤマナシも毎年花を咲かせる。日々、少しずつ大きくなる果実を見守る。そしてもぎ取る（図12-4）。味が濃く感じるのは毎日楽しみにしてきたからだろう。

あとがき

本書は、できることなら、樹の気持ちを代弁したいと思って書いたものである。長い間、森に入り樹々の生活記録を書き溜めているうちに、樹々が普段何を想っているのかが、推し量れるような気がしてきた。それに、調査の合間に樹々が何かを言いたそうにしているのを感じるときもある。それで、『樹に聴く』という書名にしてみたのである。

ブナの章で紹介したように、老熟林で五樹種すべての芽生えの位置を調べたことがある。多くの学生と一緒に目を凝らして、六ヘクタールの暗い林床を這いずり回った。集めた大量のデータを統計解析してやっと、子供たちがどこで生き残れるのかが見えてくる。親木の立場から解析すれば、親がどのような方法で最適な場所に子供を送り込もうとしているのかも推測できる。つまり、手間暇かけて、親子両方の立場にも立って考えて初めて、やっと樹の気持ちがわかるようになる。このように、今まで多くの樹種を念入りに調べてきたが、どの樹種でも共通して感じられるのは、やはり、樹も人間と同じような気持ちを持って生きている、ということだ。とりわけ、〝親が子のことを思う気持ち〟は人間と寸分も違わない気がする。子供たちがしっかりと生きていける場所に辿り着くため親たちは努力を惜しまない。森の木々は数十年、数百年も、枯れて倒れるその日まで花を咲かせ子供を旅立たせている。人間もまた子育て中はもちろん、老人になってもやはり子供のことは気に掛かる。樹木も人間も同じで、死ぬまで子供の心配をして生きているのである。

もう一つ。いつも感じるのは、もし、森の森羅万象を司る山の神がいるとしたら、多くの生物が共存することを常に願っているということである。森の中では特定の樹種や特定の家系が森を独占することは決してないからである。もし利己的な振る舞いをする樹がいたら、それをいつも諭しているとしか思えないのである。例えば、種子のサイズの違う多くの樹種が共存できるように、森は何百何千というハビタットを隙間なく用意している。それでも、強い一種が広い場所を独占しようとしたら地滑りや洪水などの攪乱を起こし、弱い樹種が生きていける場所をそっと差し出すのだ。それでもうまくいかないときには病原菌や菌根菌などを介在させ競争を緩和したり、遷移を促したりして多くの樹種の共存を図っている。老熟した森は、多くの生き物が共生する、その術《すべ》を教えてくれている。

もっと深く教えてくれる良い先生がいる。森深く分け入り、やっと出会える老巨木だ。ただ微笑んでいるだけのように見えるが、その後ろ姿は立派である。無駄とも言えるほどの大量の果実で動物たちを越冬させ、太枝が抜け落ちてできた洞で鳥や小動物を守る。朽ちてなおキノコや木食い虫、キツツキを養っている。もちろん、自分の子供の心配はするが、他者への配慮が勝っているような気がする。老樹は、数限りない艱難辛苦《かんなんしんく》を乗り越えて奇跡のような確率で生き残ったツワモノである。しかし、とても温和な表情を見せているのは、なぜなのだろう。奥地林で老樹の下で昼寝をするとそれがわかったような気になることがある。夢の中で老樹の声が聴こえたかのような錯覚に陥ることがあるからだ。古木との時間はとても豊かだ。読者の方々も是非、奥地林に行き、道を踏み外して歩いていただきたい。きっとにこやかに迎えてくれる老樹にバッタリと出会えるはずである。

本書を通じて物言わぬ樹々の想い、森の不思議を少しでも読者が感じて頂けたら幸いである。そして、この本を読み終えたら是非、様々な場所で暮らす樹々に会いに行っていただきたい。もちろん、奥地の森に分け入り、老樹にも会いに行っていただきたい。

本書に書いてあることのほとんどは、東北大学大学院農学研究科の生物共生科学分野（研究室）の学生たちや職員の方々と一緒に森を歩き、一緒に考えたことである。なるべく、自分の目で確かめたことを書くように心がけたが、もちろん、たくさんの人たちの知見もお借りしている。いちいち名前は挙げなかったが、北海道大学の学生時代の先輩や先生方、北海道林業試験場時代の先輩・同輩・後輩、そして東北大学をはじめとする各地の大学や国公立研究機関の研究者などさまざまな人たちの研究を見習い、影響を受けた。ここに感謝したい。前著『樹は語る』の続編を勧めてくれた築地書館の土井社長と編集の黒田さんには大層お世話になりました。感謝申し上げます。幼少時から自然の中で遊ばせてくれた父、庄右衛門、母、晶子、一緒に川で遊んでくれた兄、勝にも感謝したい。最後に、樹々に囲まれた山里でクマやカモシカ、キジを横目で見ながら、イノシシ、マムシを追い払い、毎日楽しく生活を共にしてくれる妻、公子に感謝したい。

参考文献

Bayandara, Fukasawa Y, Seiwa K. 2016. Roles of pathogens on replacement of tree seedlings in heterogeneous light environments in a temperate forest: a reciprocal seed sowing experiment. *J Ecol* 104, 765–772
Bayandala, Masaka K, Seiwa K. 2017. Leaf diseases facilitate the Janzen–Connell mechanism regardless of light conditions: a 3-year field study. *Oecologia* 83, 191–199
Bennett JA et al. 2017. Plant-soil feedbacks and mycorrhizal type influence temperate forest population dynamics. *Science* 355, 181–1841
深澤遊・九石太樹・清和研二　二〇一三　境界の地下はどうなっているのか：菌根菌群集と実生更新との関係　日本生態学会誌　六三：二三九―二四九
長谷川榮　一九八四　北海道における天然生海岸林の保全に関する基礎的研究：石狩海岸におけるカシワ林の構造と更新　北海道大学農学部演習林研究報告　四一：三一三―四二二
五十嵐知宏・上野直人・清和研二　二〇〇八　水散布によるサワグルミ種子の移動パターンと漂着場所特性　複合生態フィールド教育研究センター報告　二四：一―六
井鷺裕司・陶山佳久　二〇一三　生態学者が書いたＤＮＡの本：メンデルの法則から遺伝情報の読み方まで　文一総合出版
石田仁・菊沢喜八郎・浅井達弘・水井憲雄・清和研二　一九九一　ギャップと閉鎖林内における高木性各種稚幼樹の分布と伸長

日林誌　七三：一四五—一五〇
Janzen D. 1970. Herbivores and the number of tree species in tropical forests. *Am Nat* 104, 501-528
Kanno H, Hara M, Hirabuki Y, Takehara A, Seiwa K. 2001. Population dynamics of four understorey shrub species during a 7-yr period in a primary beech forest. *J Veg Scie* 12, 391-400
Kanno H, Seiwa K. 2004. Sexual vs. vegetative reproduction in relation to forest dynamics in the understorey shrub, *Hydrangea paniculata* (Saxifragaceae). *Plant Ecol* 170: 43-53
Kato S, Fukasawa Y, Seiwa K. 2017. Canopy tree species and openness affect foliar endophytic fungal communities of understory seedlings. *Ecol Res* 32: 157-162
菊沢喜八郎　一九八三　北海道の広葉樹林　北海道造林振興協会
菊沢喜八郎　一九八六　北の国の雑木林：ツリー・ウォッチング入門　蒼樹書房
Kikuzawa K. 1988. Dispersal of *Quercus mongolica* acorns in a broad-leaved deciduous forest.1: Disappearance. *For Ecol Manage* 25, 1-8
菊沢喜八郎　一九九五　植物の繁殖生態学　蒼樹書房
菊沢喜八郎　一九九五　芽のデモグラフィーから予測される後生枝の発生のしやすさ　日林北支講　四三：一七八—一七九
Imaji A, Seiwa K. 2010. Carbon allocation to defense, storage, and growth in seedlings of two temperate broad-leaved tree species. *Oecologia* 162, 273-281
小池孝良編　二〇〇四　樹木生理生態学　朝倉書店
Kon H, Noda T, Terazawa K, Koyama H, Yasaka M. 2005. Evolutionary advantages of mast seeding in Fagus crenata. *J Ecol* 93, 1148-1155
Konno M, Iwamoto S, Seiwa K. 2011. Specialisation of a fungal pathogen on host tree species in a cross inoculation experiment. *J Ecol* 99: 1394-1401
LaManna JA, Mangan SA, Alonso A. et al. 2017. Plant diversity increases with the strength of negative density dependence at

the global scale. *Science* 356, 1389-1392
Mangan SA, Schnitzer SA, Herre EA et al. 2010. Negative plant-soil feedback predicts tree-species relative abundance in a tropical forest. *Nature* 466, 752-755
Matsuki Y, Tateno R, Shibata M, Isagi Y. 2008. Pollination efficiencies of flower-visiting insects as determined by direct genetic analysis of pollen origin. *Am J Bot* 95: 925-930
正木隆編　二〇〇八　森の芽生えの生態学　文一総合出版
箕口秀夫　一九九六　野ネズミからみたブナ林の動態：ブナの更新特性と野ネズミの相互関係　日本生態学会誌　四六（二）：一八五―一八九
水井憲雄　一九九三　落葉広葉樹の種子繁殖に関する生態学的研究　北海道林業試験場研究報告　三〇：一―六七
Nagamatsu D, Seiwa K, Sakai A. 2002. Seedling establishment of deciduous trees in a various topographic positions. *J Veg Sci* 13: 35-44
中村太士・小池孝良編　二〇〇五　森林の科学：森林生態学入門　朝倉書店
日本樹木誌編集委員会　二〇〇九　日本樹木誌Ⅰ　日本林業調査会
中静透・井崎淳平・松井淳・長池卓男　二〇〇〇　「あがりこ」ブナ林の成因について　日林誌八二：一七一―一七八
沼野直人・陶山佳久・山本志保・富田瑞樹・清和研二　二〇〇五　ブナ林の分断化がブナ実生の遺伝的多様性に及ぼす影響　複合生態フィールド教育研究センター報告　二一：二一―二六
越智温子・小山浩正・高橋教夫　二〇〇九　サワグルミ（*Pterocarya rhoifolia*）の種子サイズと風速のばらつきが散布距離に与える影響　森林立地　五一：一三―一九
Oyama H, Fuse O, Tomimatsu, Seiwa K. 2018. Variable seed behavior increases recruitment success of a hardwood tree, *Zelkova serrata*, in spatially heterogeneous forest environments. *For Ecol Manage* 415-416, 1-9
Oyama H, Fuse O, Tomimatsu, Seiwa K. 2018. Ecological properties of shoot- and single seeds in a hardwood, Zelkova serrata. *Data in Brief* 18, 1734-1739

Phillips RP, Brzostek E, Midgley MG. 2013. The mycorrhizal associated nutrient economy: a new framework for predicting carbon nutrient couplings in temperate forests. *New Phytol* 199, 41-51

Saitoh T, Seiwa K, Nishiwaki A. 2002. Importance of physiological integration of dwarf bamboo to persistence in forest understorey: a field experiment. *J Ecol* 90, 78-85

Saitoh T, Seiwa K, Nishiwaki A. 2006. Effects of resource heterogeneity on nitrogen translocation within clonal fragments of *Sasa palmata*: an isotopic (^{15}N) assessment . *Ann Bot* 98, 657-663

齋藤智之・杉田久志・西脇亜也・清和研二　二〇一一　チマキザサの現存量および成長特性のギャップから林内にかけての変化　日林誌　九四：一七五—一八一

Sato T, Isagi Y, Sakio H, Osumi K, Goto S. 2006. Effect of gene flow on spatial genetic structure in the riparian canopy tree *Cercidiphyllum japonicum* revealed by microsatellite analysis. *Heredity* 96, 79-84

Sasaki T, Konno M, Hasegawa Y, Imaji A, Terabaru M, Nkamura R, Ohra N, Matsukura K, Seiwa K. 2019. Role of mycorrhizal associations in ontogenetic changes in spatial distribution patterns of hardwoods in an old-growth forest. *Oecologia* 189, 971-980

Seiwa K, Kikuzawa K. 1991. Phenology of tree seedlings in relation to seed size. *Can J Bot* 69, 532-538

Seiwa K, Kikuzawa K. 1996. Importance of seed size for establishment of seedlings of five deciduous broad-leaved tree species. *Vegetatio* 123, 51-64

Seiwa K. 1997. Variable regeneration behavior of *Ulmus davidiana* var. *japonica* in response to disturbance regime for risk spreading. *Seed Sci Res* 7, 195-207

Seiwa K. 1998. Advantages of early germination for growth and survival of seedlings of *Acer mono* under different overstorey phenologies in deciduous broad-leaved forests. *J Ecol* 86, 219-228

Seiwa K. 1999a. Changes in leaf phenology dependent on tree height in *Acer mono*, a deciduous broad-leaved tree. *Ann Bot* 83, 355-361

Seiwa K. 1999b. Ontogenetic changes in leaf phenology of *Ulmus davidiana* var. *japonica*, a deciduous broad-leaved tree. *Tree Physiol* 19, 793-797

Seiwa K. 2000. Effects of seed size and emergence time on tree seedling establishment: importance of developmental constraints. *Oecologia* 123, 208-215

Seiwa K, Watanabe A, Saitoh T, Kanno H, Akasaka S. 2002. Effects of burying depth and seed size on seedling establishment of Japanese chestnuts, *Castanea crenata*. *For Ecol Manage* 164, 149-156

Seiwa K, Kikuzawa K, Kadowaki T, Akasaka S, Ueno N. 2006. Shoot life span in relation to successional status in deciduous broad-leaved tree species in a temperate forest. *New Phytol* 169, 537-548

Seiwa K. 2007. Trade-offs between seedling growth and survival indeciduous broad-leaved trees in a temperate forest. *Ann Bot* 99, 537-544

Seiwa K, Miwa, Y, Sahashi N, Kanno H, Tomita, M, Ueno N, Ymazaki M. 2008. Pathogen attack and spatial patterns of juvenile mortality and growth in a temperate tree, *Prunus grayana*. *Can J For Res* 38, 2445-2454

Seiwa K, Tozawa M, Ueno N, Kimura M, Yamazaki M, Maruyama K. 2008. Roles of cottony hairs in directed seed dispersal in riparian willows. *Plant Ecol* 198, 27-35

Seiwa K, Ando M, Imaji A, Tomita M. 2009. Spatio-temporal variation of environmental signals inducing seed germination in temperate conifer plantation and natural hardwood forests in northern Japan. *For Ecol Manage* 257: 361-369

Seiwa K. 2010. Is the Janzen-Connell hypothesis valid in temperate forests? *J Integr Field Sci* 7, 3-8

Seiwa K, Kikuzawa K. 2011. Close relationship between leaf life span and seedling relative growth rate in temperate hardwood species. *Ecol Res* 26:173-180

Seiwa K, Miwa Y, Akasaka S, Kanno H, Tomita M, Saitoh T, Ueno N, Kimura M, Hasegawa Y, Yamazaki M, Masaka K. 2013. Landslide-facilitated species diversity in a beech-dominant forest. *Ecol Res* 28: 29-41

Seiwa K, Masaka K, Konno M, Iwamoto S. 2019. Role of seed size and relative abundance in conspecific negative distance-

dependent seedling mortality for eight tree species in a temperate forest. *For Ecol Manage* (in press)
清和研二　二〇一三　多種共存の森：一〇〇〇年続く森と林業の恵み　築地書館
清和研二　二〇一五　樹は語る：芽生え・熊棚・空飛ぶ果実　築地書館
清和研二・有賀恵一　二〇一七　樹と暮らす：家具と森林生態　築地書館
清和研二　二〇一八　森林の変化と樹木　中静透・菊沢喜八郎編　森林の変化と人類　共立出版
Tomita M, Hirabuki Y, Seiwa K. 2002. Post-dispersal changes in the spatial distribution of *Fagus crenata* seeds. *Ecology* 83:1560–1565
Tomita M, Seiwa K. 2004. Influence of canopy tree phenology on understorey populations of *Fagus crenata*. *J Veg Sci* 15, 379–388
寺原幹生・山崎実希・加納研一・陶山佳久・清和研二　二〇〇四　冷温帯落葉広葉樹林における地形と樹木種の分布パターンとの関係　複合生態フィールド教育研究センター報告　二〇：二一―二六
寺沢和彦・小山浩正（編）　二〇〇八　ブナ林再生の応用生態学　文一総合出版
Tozawa M, Ueno N, Seiwa K. 2009. Compensatory mechanisms for reproductive costs in the dioecious tree *Salix integra*. *Botany* 87, 315–323
Ueno N, Seiwa K. 2003. Gender-specific shoot structure and functions in relation to habitat conditions in a dioecious tree, *Salix sachalinensis*. *Journal of Forest Research* 8, 9–16
Ueno N, Kanno H, Seiwa K. 2006. Sexual differences in shoot and leaf dynamics in a dioecious tree, *Salix sachalinensis*. *Can J Bot* 84, 1852–1859
Ueno N, Suyama Y, Seiwa K. 2007. What makes the sex ratio female-biased in the dioecious tree *Salix sachalinensis*? *J Ecol* 95, 951–959
Utsugi E, Kanno H, Ueno N, Tomita T, Saitoh T, Kimura M, Seiwa K. 2006. Hardwood recruitment into conifer plantations in Japan: effects of thinning and distance from neighboring hardwood forests. *For Ecol Manage* 237,15–28

渡辺あかね・清和研二・赤坂臣智　一九九六　異なる光・土壌養分条件下でのクリ・ミズナラの実生の成長に及ぼす種子サイズの影響　川渡農場報告　一二：三一―四一
Wulantuya. Relative importance of mycorrihzal- and pathogenic-fungi on seeding establishment in gap and understory continuum.（東北大学博士論文）
Xia Q, Ando M, Seiwa K. 2016. Interaction of seed size with light quality and temperature regimes as germination cues in 10 temperate pioneer tree species. *Func Ecol* 30, 866-874
Yamazaki M, Iwamoto M, Seiwa K. 2009. Distance- and density- dependent seedling mortality caused by several fungal diseases for eight tree species co-occurring in a temperate forest. *Plant Ecol* 201, 181-196
吉岡俊人・清和研二編　二〇〇九　発芽生物学：種子発芽の生理・生態・分子機構　文一総合出版

【ま行】

【や行】

【ら行】

【た行】

索引

太字は口絵のページ数を表す。

著者紹介

清和研二（せいわ・けんじ）

1954年山形県櫛引村（現 鶴岡市黒川）生まれ。月山山麓の川と田んぼで遊ぶ。北海道大学農学部卒業。東北大学大学院農学研究科教授。

北海道林業試験場で広葉樹の芽生えの姿に感動して以来、樹の花の咲き方や種子の発芽、さらには種子の散布などについて観察を続けている。近年は天然林の多種共存の不思議に魅せられ、その仕組みと恵みを研究している。趣味は焚き火。

著書に『多種共存の森』『樹は語る』（以上、築地書館）、編著・共著に『発芽生物学』『森の芽生えの生態学』（以上、文一総合出版）、『樹木生理生態学』『森林の科学』（以上、朝倉書店）、『日本樹木誌』（日本林業調査会）、『樹と暮らす』（築地書館）などがある。

seiwa@bios.tohoku.ac.jp、seiwakenji@gmail.com

樹に聴く

香る落葉・操る菌類・変幻自在な樹形

2019年10月31日　初版発行

著者　清和研二
発行者　土井二郎
発行所　築地書館株式会社
〒104-0045 東京都中央区築地 7-4-4-201
TEL.03-3542-3731　FAX.03-3541-5799
http://www.tsukiji-shokan.co.jp/
振替 00110-5-19057
印刷・製本　シナノ印刷株式会社
装丁　吉野 愛

 ISBN978-4-8067-1590-0